面向虚拟现实技术能力提升新形态系列教材

U0182250

增强现实技术与应用

主编
胡钦太
战荫伟
杨 卓

清华大学出版社
北京

内 容 简 介

本书采用项目任务制的编写方式，全面介绍了增强现实相关的基础概念与基本知识点，并结合应用案例阐述其基本原理。全书内容丰富、涵盖面广，具体包括 8 个项目，主要内容包括增强现实技术概论，增强现实系统开发工具，移动端应用项目的场景搭建、障碍物与人物模型的运动、交互控制，头戴式显示器应用项目，体感交互应用项目，增强现实项目管理。

本书提供了丰富、生动的案例素材，并以当前主流的 Unity 3D、Vuforia 工具、C# 语言为主要工具详细讲解核心程序，做到体例明晰、内容深入浅出、代码简洁高效。

本书适合虚拟现实、数字媒体技术、现代教育技术、软件工程等相关专业的教师教学与学生学习使用，也适合广大从事增强现实应用开发人员阅读参考。

图书在版编目（CIP）数据

增强现实技术与应用 / 胡钦太，战荫伟，杨卓主编 . — 北京：清华大学出版社，2023.11
面向虚拟现实技术能力提升新形态系列教材
ISBN 978-7-302-64699-0

Ⅰ . ①增… Ⅱ . ①胡…②战…③杨… Ⅲ . ①虚拟现实 – 教材 Ⅳ . ① TP391.98

中国国家版本馆 CIP 数据核字（2023）第 185722 号

责任编辑：郭丽娜
封面设计：曹　来
责任校对：刘　静
责任印制：曹婉颖

出版发行：清华大学出版社
　　　　　网　　　址：https://www.tup.com.cn，https://www.wqxuetang.com
　　　　　地　　　址：北京清华大学学研大厦 A 座　　　　　邮　　　编：100084
　　　　　社　总　机：010-83470000　　　　　邮　　　购：010-62786544
　　　　　投稿与读者服务：010-62776969，c-service@tup.tsinghua.edu.cn
　　　　　质量反馈：010-62772015，zhiliang@tup.tsinghua.edu.cn
　　　　　课件下载：https://www.tup.com.cn，010-83470410
印　装　者：三河市君旺印务有限公司
经　　　销：全国新华书店
开　　　本：185mm×260mm　　　印　　　张：10.75　　　字　　　数：255 千字
版　　　次：2023 年 12 月第 1 版　　　　　　　　　印　　　次：2023 年 12 月第 1 次印刷
定　　　价：49.80 元

产品编号：101812-01

丛书编写指导委员会

前 言

党的二十大报告指出："教育、科技、人才是全面建设社会主义现代化国家的基础性、战略性支撑。必须坚持科技是第一生产力、人才是第一资源、创新是第一动力，深入实施科教兴国战略、人才强国战略、创新驱动发展战略，开辟发展新领域新赛道，不断塑造发展新动能新优势。"

1. 为什么 AR 技术如此重要

增强现实（Augmented Reality，AR）是一种在现实世界中融合虚拟信息的交互技术，是计算机应用中具有前沿性、挑战性的领域之一。AR 技术能够极大地丰富用户的感官体验，提供更直观、高效的信息服务，已经在教育、游戏、医疗、工业等领域获得广泛的应用。AR 包括空间注册、虚实融合、实时交互等技术要素，关联计算机图形学、计算机视觉、人机交互、人工智能等多个学科，AR 技术已经成为新一代信息技术的引擎，正在高速驱动人类社会的发展和进步，也在深刻影响着我们的日常生活。

2. 为什么要编写本教材

从 20 世纪 90 年代起，广东工业大学就开始虚拟现实的研究和应用工作，并逐渐在本科生和研究生中开设计算机图形学、虚拟现实和增强现实、Unity 3D 开发等课程，同时与国内外同行密切交流，为本书的编写打下了重要的基础。

我们编写这本《增强现实技术与应用》，旨在让学生轻松、系统、全面地了解 AR 技术，使之适应信息时代和知识社会的需求，具备解决复杂问题和适应不可预测情境的高级能力。

3. 本教材有什么特点

（1）本教材坚持以习近平新时代中国特色社会主义思想为指导，深入贯彻党的二十大精神，落实"育人的根本在于立德"，以"润物细无声"的方式融入党的二十大精神。在具体案例和项目导读中弘扬社会主义核心价值观，弘扬科学家精神，激发学生实现高水平科技自立自强的责任感和使命感。

（2）本教材着眼于学科发展前沿，具有前瞻性和时代性。在本教材的编写过程中，我们借鉴了许多国内外优秀的 AR 教材和案例，结合我们多年的教学和研究经验，将知识点分类整理并精选了对应案例。通过案例讲解和实践操作，学生能够学以致用，更好地掌握 AR 的核心技术。

（3）本教材内容翔实，脉络清晰，体现核心素养的要求，具有科学性和系统性。本教材针对复杂、真实的生活情境，精心设计和编排内容。全书共有 8 个项目，先讲述 AR 技术概论、AR 系统开发工具，再以 AR 酷跑游戏、机械部件拆卸导引、"快乐小达人"游戏等项目的开发过程，分别讲述移动端应用、头戴式显示器应用、体感交互应用的原理和方法，最后对前述项目进行项目管理与分析。

每个项目下有 2~4 个应用任务，每个任务都设置了任务目标、任务要求、知识归纳、任务实施等，每个项目最后都设置了能力自测和学习评价。任务、知识点、基本原理相辅相成，项目的编排顺序环环相扣，互相铺垫，进一步培养学生解决现实生活中复杂问题的能力。

本教材使用当前主流的 Unity 3D、Vuforia 工具，用 C# 编写和讲解核心程序，代码简洁高效，便于学生实践操作。

（4）本教材在自主学习和人才培养模式方面做出了积极尝试，具有原创性和创新性。按照传统体例编写的教材需要教师进行大量的指导与讲解，留给学生自主学习的空间有限。本教材按照项目式学习原则编写，提高了真实性和实践性。学生通过项目、任务以及丰富的配套资源，能够实现自主学习。我们也希望通过本教材鼓励和启发教育者创新人才培养模式。

4. 本教材适合哪些读者

本教材内容丰富、涵盖面广，涉及 AR、游戏开发技术等内容，适合计算机、数字媒体、虚拟现实等相关专业的教师与学生，以及广大从事 AR 的工程研发人员阅读参考。

5. 致谢

在本书出版之际，我们特别要感谢清华大学出版社和刘茵女士。他们精准策划，执着约稿，耐心沟通，对我们来说是莫大的鼓励。我们还要感谢参与本书编写的其他成员：吴悦明、莫建清、纪毅等老师。他们查阅梳理了大量国内外最新学术文献和论著，力求全方位展现增强现实技术领域的前沿技术和最新成果。广州紫为云科技有限公司也在体感交互游戏制作上提供了支持。凡此种种，都让我们感动不已。

在本书的编写过程中，我们通过多种渠道与书中选用作品（包括照片、插图等）的作者进行了联系，得到他们的大力支持。对此，我们表示衷心的感谢。在本书付梓前，书中仍有部分所参考和引用资料的作者，我们未能与之取得联系，恳请他们以及读者，在本书使用过程中，如遇问题请与清华大学出版社联系，再次感谢！

在编写本书的时候，我们常常能感受到"吾生也有涯，而知也无涯"的浩瀚，但我们更享受"不怕真理无穷，进一寸有一寸"的欢喜。期待能够跟大家一起，通过本书感受增强现实技术领域的魅力。

由于编者水平有限，书中难免有疏漏和不足之处，在此恳请广大读者批评、指正，以便日后修订。

编 者
2023 年 12 月

目　录

项目1

增强现实技术概论

项目导读

项目导读

党的二十大报告指出"加快发展数字经济,促进数字经济和实体经济深度融合,打造具有国际竞争力的数字产业集群"。增强现实(Augmented Reality, AR)技术是新一代信息技术的重要组成部分,在数字经济中具有不可替代的作用。AR 技术在智慧教育、工业制造、医疗诊断等诸多领域应用广泛,具有重要的社会意义和巨大的商业价值。我国的 AR 技术发展迅速,近年来形成了具有自主知识产权的硬件设备、软件平台。本项目讲解了增强现实的概念、发展历程、技术分类与关键技术等,并引导读者体验几种 AR 软件。

学习目标

- 学习增强现实的基本概念、发展历程与技术分类,了解 AR 系统、设备的分类以及最新 AR 硬件设备。
- 理解增强现实的关键技术,如三维注册与几何一致性、光照一致性、显示技术和人机交互技术等。
- 了解增强现实技术在不同领域的实际应用。

职业素养目标

- 能够系统地学习增强现实的发展历程、技术分类和关键技术,产生对 AR 的兴趣。
- 应具备自主学习能力,关注 AR 技术在不同领域的实际应用。

职业能力要求

- 具备扎实的增强现实理论基础,能够在实际项目中灵活运用 AR 知识。
- 应熟悉 AR 软件常见使用方法,具备独立探索全新 AR 应用的能力。

项目重难点

项目内容	工作任务	建议学时	技能点	重难点	重要程度
增强现实技术概论	任务 1.1 体验网易洞见 APP：理解何为增强现实	1	认识增强现实	学习增强现实发展历程	★★★★☆
	任务 1.2 体验 AR 动物园：了解增强现实技术的分类	1	区分有标识/无标识的 AR 技术	了解无标识 AR 技术的使用方法	★★★★☆
				了解有标识/无标识 AR 技术的区别	★★★★☆
	任务 1.3 探索增强现实关键技术	1	增强现实的关键技术	了解增强现实的关键技术	★★★★★
	任务 1.4 体验生活中的增强现实应用：AR 购物	1	增强现实的应用	了解增强现实的应用场景	★★★★☆

任务 1.1　体验网易洞见 APP：理解何为增强现实

■ 任务目标

知识目标：了解 AR 软件的操作方法。

能力目标：初步掌握 AR 软件的交互技巧。

■ 建议学时

1 学时。

■ 任务要求

学习增强现实技术的基本概念和特点，了解增强现实技术的发展历程。

知识归纳

1. 增强现实的概念

增强现实是一种把计算机生成的三维场景等数字信息叠加到物理世界，以增强用户对真实环境感知和理解的技术，是在虚拟现实的基础上发展起来的，计算机图形学、计算机视觉、人机交互和显示技术等是其关键的支撑技术。虚拟现实和增强现实的典型区别在于，虚拟现实技术表达的内容是纯虚拟的，而增强现实技术突出的是虚实融合。1994 年多伦多大学的 Milgram 等首次提出了混合现实连续统（Mixed Reality Continuum），认为虚拟世界到真实环境是一个连续渐变的过程，如图 1-1 所示。将虚拟环境和真实环境的融合技术称为混合现实（Mixed Reality，MR），其中用虚拟信息来增强用户对真实环境的感知称为增强现实。

图 1-1 混合现实连续统

2. 增强现实的发展历程

1968 年，计算机图形学和增强现实之父 Sutherland 开发出第一套增强现实系统"达摩克利斯之剑（The Sword of Damocles）"，能够将简单线框图转换成三维效果。如图 1-2 所示，这套系统使用光学透视式头戴显示器，配有六自由度的机械跟踪器和超声波跟踪器。

1992 年，波音公司 Caudell 和 Mizell 在辅助布线系统中提出了增强现实的概念，以可视化的方式指导工程师完成布线工作。1993 年，哥伦比亚大学 Feiner 等提出了基于知识的 AR 维修支援（Knowledge-based Augmented Reality for Maintenance Assistance, KARMA），指导用户安装和维修打印机。1997 年，哥伦比亚大学 Feiner 等人开发了第一个户外 AR 游览系统，由背包计算机和传感器组成，可在移动过程中输出三维图形。

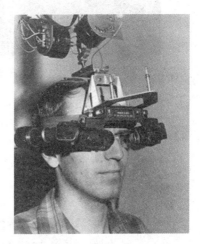

图 1-2 "达摩克利斯之剑"的头戴式显示器系统

1999 年，Kato 和 Billinghurst 开发了第一个 AR 开源框架 ARToolKit，使用模板匹配方法进行目标识别与跟踪。2005 年，Henrysson 等人在塞班手机上使用 ARToolKit 进行目标跟踪，实现了多人协同的 AR 网球游戏。

2007 年，Klein 和 Murray 提出了一种实时同步定位和建图方法，在重建三维稀疏场景的同时，计算相机空间位置和朝向可为 AR 应用提供实时位置与姿态（简称位姿）估计。

2008 年，Wikitude 公司在第一款 Android 手机 G1 上开发了旅游辅助软件 Wikitude AR Travel Guide，为智能手机用户带来了全新的旅游体验。

2012 年，谷歌公司推出了可运行 AR 应用的智能眼镜 Google Glass，具有 GPS 定位、拍照等功能。2015 年，微软公司发布了 Hololens 1，能够呈现虚实融合的影像，成为当时的 AR 眼镜行业标杆。2017 年，苹果公司和谷歌公司分别推出了 iOS 和 Android 系统上的移动 AR 开发平台 ARKit 和 ARCore，促进了移动 AR 技术体验的应用。2019 年，微软公司更新发布了 Hololens 2，与第一代相比，在计算能力和人机交互等方面得到进一步提升。

近年来，随着移动计算、5G 通信、智能芯片和显示技术迅速发展，体积小、功耗低、性能强的传感器和终端设备不断涌现，极大地推动了 AR 技术的研究和应用推广。我国出现了一批具有自主知识产权的 AR 硬件企业，如广东虚拟现实科技有限公司（Ximmerse）、优奈柯恩（北京）科技有限公司（XREAL）、亮风台（上海）信息科技有限公司（HiAR）等。同时，也出现了一批国产 AR 软件开发平台，如网易洞见 AR、百度 AR、商汤科技

SenseAR、视辰 EasyAR 等，AR 产业生态日趋完善。2022 年"天宫课堂"在中国空间站开讲，太空教师陈冬、刘洋、蔡旭哲借助 MR 智能眼镜为广大青少年带来了一场精彩的太空科普课（图 1-3）。

图 1-3　问天实验舱授课现场

任务实施

步骤 1　初体验网易洞见 AR 软件。

下载并安装网易洞见 APP。启动网易洞见 APP，使用手机扫描现实环境，与虚拟角色互动。

（1）下载并安装网易洞见 APP。

（2）打开网易洞见 APP，进入首页，如图 1-4（a）所示。单击首页相机图标，可以看到一个虚拟角色出现在相机前方平面上，如图 1-4（b）所示。

（3）用户可触摸屏幕使虚拟角色放大、缩小、旋转或移动，从各个角度观察虚拟角色。

(a) 首页　　　　　　　　　　　　　　(b) 虚拟角色

图 1-4　网易洞见 APP

步骤 2　体验过 AR 应用后，思考以下问题。

（1）以前体验过 AR 应用吗？上述任务与以前体验的 AR 应用给你留下了什么印象？

（2）分组讨论网易洞见 APP 可以如何改进，可以与虚拟角色做哪些交互。

任务 1.2　体验 AR 动物园：了解增强现实技术的分类

■ 任务目标

知识目标：区分有标识与无标识的 AR 技术。

能力目标：对比网易洞见 APP 与 AR 动物园的使用体验和操作过程，了解有标识与无标识 AR 技术的区别，以及无标识 AR 技术的使用方法。

■ 建议学时

1 学时。

■ 任务要求

深入了解 AR 技术的基本分类，包括有标识和无标识 AR 技术。同时，掌握 AR 技术的常见设备，学习设备分类以及国内外最新 AR 设备。按任务步骤要求进行操作，探讨有标识／无标识 AR 技术的体验差别。

知识归纳

1. AR 系统分类

AR 系统可分为有标识 AR 系统和无标识 AR 系统。

（1）有标识（Marker-based）AR 系统。有标识 AR 系统在现实世界中放置特殊标识（如 Logo、海报、二维码等），用来进行目标识别与跟踪。用 AR 设备（如手机）扫描标识时，AR 系统可以识别标识的位置和方向，并叠加数字内容。如图 1-5 所示，亮风台（上海）信息科技有限公司研发的西柏坡纪念馆 AR 红色旅游项目丰富了景区情景传达方式，AR 应用叠加的数字内容让游客身临其境，以更生动的方式学习历史知识。

图 1-5　西柏坡纪念馆 AR 红色旅游项目

（2）无标识（Markerless）AR 系统。无标识 AR 系统无需用户事先准备标识模板，使用算法（如 ORB、SURF 等）对场景周围进行对象识别。无标识 AR 技术使得用户体验 AR 系统更为自然，但通常算法复杂，对硬件计算能力要求高。成都弥知科技有限公司研发的 Kivicube 平台可在网页、微信小程序中运行 AR 应用。该公司开发的无标识 AR 试衣系统，可自动检测身体为用户带来了全新的购物体验，如图 1-6 所示。

2. AR 设备分类

近年来，AR 应用不断普及，各种新型 AR 设备不断涌现，为用户提供丰富的视觉、听觉和触觉体验。这些 AR 设备可以分为移动式、头戴式和体感交互式三种类型，如图 1-7 所示。

图 1-6　Kivicube AR 试衣系统

  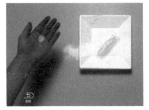

(a) 移动式AR设备　　　　(b) 头戴式AR设备　　　　(c) 体感交互式AR设备

图 1-7　常见 AR 设备

（1）移动式 AR 设备：通常是智能手机或平板电脑，使用触控交互。优点是硬件成本较低、携带方便，是使用最为广泛的 AR 应用载体；缺点是屏幕较小、沉浸感不足，如图 1-7（a）所示。

（2）头戴式 AR 设备：使用头部姿态、手势和手柄等方式进行交互，用于工业仿真、医疗诊断等场景。优点是沉浸感强，缺点是硬件成本高，如图 1-7（b）所示。

（3）体感交互式 AR 设备：可感知用户肢体动作和姿态，用身体姿势或动作进行内容交互，广泛应用于医疗康复、体育锻炼等场景。优点是交互自然、趣味性强；缺点是没有移动式 AR 方便，如图 1-7（c）所示。

得益于移动计算和显示技术的进步，头戴式 AR 眼镜产品不断朝着轻量化、多模态交互和大视场角等方向发展，如 Google Glass 和国产的 XREAL Air、Rhino X Pro 等 AR 设备如图 1-8 所示。

(a) Google Glass　　　　(b) XREAL Air　　　　(c) Rhino X Pro

图 1-8　三种头戴式 AR 设备

任务实施

步骤 1　体验有标识的 AR 项目——AR 动物园。

（1）进入微信小程序平台，搜索"AR＋动物园"，找到"AR 口袋动物园"并打开运行，如图 1-9（a）所示。

（2）使用小程序内的摄像头，对准特定的图片，如图 1-9（b）所示，即可弹出对应的三维动物模型，如图 1-9（c）所示。读者可以尝试不同的动物标识图片。

(a) 搜索小程序	(b) 标识图	(c) 三维动物模型呈现

图 1-9　有标识 AR 识别与三维模型展示

（3）在体验该 AR 游戏时，读者可以关注以下问题：该动物模型是否会运动；运动是否有规律。读者还可以捧着智能手机围绕动物模型位置转上几圈，仔细观察该动物模型及其与标识图片平面之间的位置关系。

步骤 2　体验过有标识的 AR 项目后，思考以下问题。

（1）与任务 1.1 中的网易洞见 APP 相比，有标识 AR 技术的优点和缺点是什么？在使用体验上有什么差别？

（2）有标识的 AR 系统需要事先在物体上贴上 AR 标签，这对于一些应用场景是不可行的。分组讨论，哪些场景适合使用有标识的 AR 应用？

任务 1.3　探索增强现实关键技术

■ **任务目标**

知识目标：了解增强现实的关键技术：三维注册与几何一致性、光照一致性、人机交互技术和显示技术。

能力目标：对比"AR 摆摆看"小程序和网易洞见 APP 使用体验和操作过程，了解 AR 关键技术在真实应用中是如何发挥作用的。

■ 建议学时

1 学时。

■ 任务要求

透彻理解本任务中的知识点，熟悉增强现实的关键技术。按任务步骤要求进行操作，探讨 AR 应用中的增强现实关键技术如何影响交互体验。

知识归纳

1. 三维注册与几何一致性

增强现实将虚拟场景融合到现实场景，再呈现给用户。三维注册的目的是重建三维现实场景和计算用户相机的实时位姿信息，从而保证虚拟场景与真实场景的几何一致性。几何一致性是指虚拟场景与现实场景共享同一空间。如果不能保证几何一致性，会严重影响用户交互体验。增强现实的三维注册技术分为三类：基于传感器的跟踪注册、基于计算机视觉的三维注册和混合三维注册技术。

（1）基于传感器的跟踪注册技术的方法是依靠传感器设备实现三维注册。其技术原理是利用收发信号装置感知物体位置信息，进而求解相机在世界坐标系下的位姿信息完成三维注册。其缺点是易受干扰、灵活性差。

（2）基于计算机视觉的三维注册技术可分为基于人工标识的方法和基于自然特征的方法。

基于人工标识的三维注册技术所使用的人工标识物通常具有规则的形状，而且与环境差别明显。计算机通过特定的视觉算法将标识物从环境中提取出来。因为标识物形状规则，所以处理算法复杂度较低，实时性较高。人工标识方法已经较为成熟，对硬件处理能力要求不高，且鲁棒性很高，被 AR 引擎广泛使用。图 1-10 展示了几种典型的 AR 标识物。

（a）ARToolKit　　　　（b）EasyAR（上海视辰）　　　　（c）Vumarks（Vuforia）

图 1-10　AR 标识物

基于自然特征的三维注册技术不依赖标识物，缺点是计算量大。这类注册技术先提取场景内物体的自然特征，再求解出相机位姿，进而完成三维注册。特征点的选取和匹配是重要的影响因素；常用的特征点检测与特征匹配方法主要有 SIFT、SURF、BRIEF 等。

（3）混合三维注册技术是指综合应用上述注册技术。与单一注册技术相比，混合三维注册方法能够兼顾高精度和鲁棒性，其难点在于不同类型的位姿数据的同步和融合。

2. 光照一致性

AR 系统的最大特点是虚拟物体和现实世界共存，不仅需要实时稳定的三维注册技术，还需要虚实物体间具有光照一致性。光照一致性指虚实物体所受到的光照情况相同。实现光照一致性需要先复原现实世界的光照模型，然后在虚拟世界中构造相似的光照模型并考虑虚拟物体由此所受的影响。虚拟物体的呈现效果与其形状、位姿、材质、纹理、光源以及周围环境密切相关。如图 1-11 所示，人物模型及阴影很好地反映了光照一致性，与现实场景融合恰当、效果逼真。

(a) 原始场景　　　　　　　　　　(b) 虚实融合

图 1-11　光照一致性

3. 人机交互

AR 中的常见交互技术有触控交互、手势交互、控制器交互和实物交互。

（1）触控交互：以触觉作为主要感知通道的交互技术。系统获取用户手指触摸的位置信息，触发相应命令，完成对虚拟物体的选择、移动和旋转等操作，如图 1-12 所示。触控交互产品按工作原理不同可分为四种：电阻式触摸屏、电容式触摸屏、红外触摸屏和表面声波式触摸屏。触控交互的优点是操作精度高，缺点是双手被占用。

图 1-12　触控交互

（2）手势交互：属于自然人机交互，符合日常行为习惯。手势交互依赖手势识别，常见的方法有基于传感器的手势识别和基于计算机视觉算法的手势识别。如图 1-13 所示，双手在 AR 眼镜前拖曳，可与虚拟场景中的太阳系交互。手势交互的优点是交互自然，缺点是需要专用设备（如 Leap Motion）支持。

（3）控制器交互：使用光投射器、空间位置跟踪器、交互笔或手柄等控制设备进行交互。可将控制器的六自由度位姿、按钮状态和加速度等信息绑定在 AR 系统中的虚拟对象上，进行选择与交互。控制器交互的优点是操控精准，缺点是需要专用设备。

（4）实物交互：将虚拟对象与真实物体联系起来，构建知觉共存的交互体验。实物既可以是输入，也可以是输出，反馈信息与环境融为一体。如图 1-14 所示，实物交互充分利用了现实环境和实物，因此学习成本较低、交互自然，缺点是需要实物定制设备。

图 1-13　手势交互

图 1-14　实物交互

4. 显示技术

增强现实系统显示技术可分为头戴式、移动手持式和投影式显示技术。头戴式显示技术一般是指借助 AR 眼镜进行虚实融合内容的显示。按照实现原理，头戴式显示器分为视频透视式显示器和光学透视式显示器。视频透视式显示器将摄像头获取的真实环境实时视频，与虚拟场景相互融合，最终虚实内容融合显示出来，如图 1-15（a）所示。显示技术的优点是虚实融合效果较好，缺点是视频方式显示不自然、真实感较差。

光学透视式显示器利用光的反射原理，在用户的眼前放置一块半透明的光学融合器，使用户能够看到虚拟三维物体与真实场景的融合画面。光学融合器是部分透明的，用户可看见真实环境；光学融合器又是部分反射的，用户可看见监视器反射的虚拟场景，如图 1-15（b）所示，其优点是结构简单、性价比高，缺点是易受环境光影响。

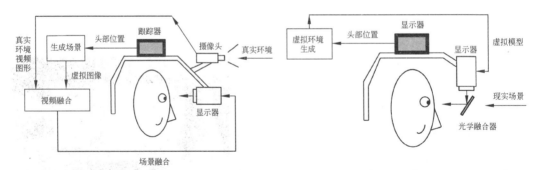

(a) 视频透视式显示器（Video See Through）　　　　(b) 光学透视式显示器（Optical See Through）

图 1-15　头戴式显示技术

移动手持式显示技术是用智能手机或平板电脑的显示屏作为 AR 显示设备。手持式显示器是以摄像头作为输入设备，进行触控交互。如图 1-16 所示，上海亮风台开发的 AR 汽车 APP 使用摄像头对准车内部件，可在手机上显示对应部件的相关信息。该技术的优点是智能手机终端广泛使用，缺点是用户双手被占用，人机交互受限。

投影式显示技术利用投影仪将虚拟场景直接投影到现实环境中，达到对现实世界增强的效果，为用户提供更加直观的展现方式。如图 1-17 所示，2019 年 CCTV 元宵戏曲晚会将孔明灯场景投影到真实舞台上，虚实融合、美轮美奂。该技术的优点是用户摆脱了佩戴头戴式显示器的束缚，缺点是成本高、场地受限。

图 1-16 移动手持式显示技术

图 1-17 投影式显示技术

任务实施

生活中，家具尺寸、风格和搭配效果都会影响消费者的决策。由成都弥知科技开发的 AR 小程序"AR 摆摆看"，可以帮助消费者在真实房间中，用手机或平板直观地移动、摆放和搭配家具模型，虚实融合，可视化呈现家具整体效果。读者可尝试按下列步骤来体验这个小程序。

步骤 1　在微信中搜索"AR 摆摆看"小程序，如图 1-18（a）所示。

步骤 2　在小程序中摆放家具模型，尝试摄像头对准不同的位置，观察 AR 物品摆放的效果，如图 1-18（b）所示。

(a) 搜索小程序

(b) 物品摆放效果

图 1-18　"AR 摆摆看"小程序

步骤 3　组织分组讨论。

在"AR 摆摆看"小程序中摆放的家具模型能否与现实物体发生碰撞、遮挡？家具模型是否受现实的光照环境影响？对比任务 1.1 网易洞见 APP，哪个虚实融合更逼真呢？为什么？

任务 1.4　体验生活中的增强现实应用：AR 购物

■ 任务目标

知识目标：了解 AR 技术在日常生活中的应用。

能力目标：了解 AR 技术在生活中的应用领域，如智慧教育、工业制造、数字文娱等。学会探究 AR 技术在这些领域中的具体应用案例，并理解它们是如何改变生活的。

■ 建议学时

1 学时。

■ 任务要求

了解并体验 AR 技术在生活中的应用，探究 AR 技术在不同行业中的潜在应用场景。思考不同场景下 AR 技术如何发挥优势。

知识归纳

AR 技术已广泛应用于智慧教育、工业制造、数字文娱、医疗诊断和智慧城市等领域。

1. 智慧教育应用

在教育领域 AR 技术可为学生提供多样化的学习体验，增加课堂趣味性，提高学生的学习兴趣。AR 技术已应用于教育的不同阶段中，见表 1-1。

表 1-1　AR 技术在教育领域不同阶段的应用

教 育 阶 段	应用场景简介
学前教育	AR 技术能建立可视化、可感知的教育环境，为幼儿带来直观的展示和交互体验。AR 涂色、AR 拼图、AR 迷宫等，将知识性、科技性和互动性有机结合，寓教于乐，深受儿童喜爱
中小学教育	AR 图书相比传统图书，交互效果形象生动，有助于知识的理解和记忆。AR 数学游戏帮助学生与数字做朋友，在互动场景中完成计算。相比传统展板，AR 党建可开展体验丰富的红色教育
特殊教育	AR 技术的交互、沉浸等特点为特殊教育带来全新的教与学体验。AR 手语翻译系统帮助聋哑人沟通交流，AR 体感交互系统帮助自闭症、感觉统合失调儿童改善认知、社交沟通能力

2. 工业制造应用

在工业制造中，AR 技术可用于装配维修、远程指导和设备巡检等场景。头戴式 AR 眼镜将机器部件结构图与真实设备虚实融合、可视化呈现，操作直观，装配维修过程中无须查阅技术手册，工作效率高。在装配现场，工人经验不足，而指导专家无法到场，可凭借 AR 技术进行远程指导，帮助现场作业人员定位、排查故障，节约差旅成本。工业设备集成度、复杂度越来越高，维修维护人员难以掌握所有检修点，如图 1-19 所示，AR 巡检系统以直观可视化的方式，智能提醒、辅助现场人员高质量完成巡检工作。

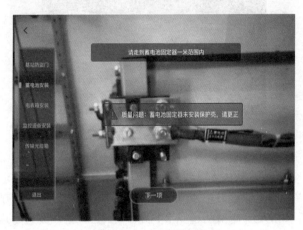

图 1-19　AR 巡检系统

3. 数字文娱应用

AR 技术在数字文娱领域潜力巨大，可用于影视制作、游戏和文化宣传等场景。AR 演播厅、直播间使用绿幕提取前景人物，背景可任意切换。主持人刚刚在美丽乡村讲解完土特产，下个镜头就有可能在新能源汽车中讲解自动驾驶新体验。和传统游戏相比，AR 游戏扩展了玩家的想象力和视听感受，带来了全新的娱乐体验。如图 1-20 所示的 AR 敦煌，充分体现了 AR 技术的高沉浸感、强交互性等特点，让头戴 AR 眼镜的用户感觉仿佛时空穿梭，手势交互探索中华文化的魅力。

图 1-20　AR 敦煌

4. 医疗诊断应用

医疗是 AR 技术极具应用前景的领域之一。AR 技术可以用在医学教育、手术导航和远程会诊指导等场景中。在医学教育中医学 AR 图书、解剖 AR 教学仿真等，可提供沉浸逼真的教学场景，帮助学生更好地学习和理解医学知识。AR 手术导航将术前获取的患者计算机断层扫描（Computed Tomography, CT）、磁共振成像（Magnetic Resonance Imaging,

MRI）三维数据注册叠加到病灶区，直观地提示、指导医生手术。如图 1-21 所示的远程会诊指导系统借助 AR 和 5G 技术，呈现患者器官病灶形态，辅助医生和专家远程会诊。

图 1-21　AR+5G 远程会诊指导

5. 智慧城市应用

在智慧城市中，AR 技术也发挥着重要作用。在 AR 电子沙盘上进行建筑和公共设施的布局和操作，可以直观便捷地开展城市规划和宣介。AR 交通实时显示城市的车流和人流情况，提示交通堵塞和人流拥挤的道路和区域，方便管理人员进行现场调配和监管，提高城市运行效率。AR 管线将建筑信息模型（Building Information Modeling，BIM）呈现在施工人员的眼前，高效、准确地维护城市设施。如图 1-22 所示的杭州文三数字生活街区是"数智杭州"引领示范点和"全国数字生活第一街"。AR 烟花美不胜收，AR 许愿树引人驻足。AR 技术为城市空间持续创造价值，为城市文化体验带来了全新的可能。

(a) AR烟花　　　　　　　　　　　　　　　(b) AR许愿树

图 1-22　杭州文三数字生活街区

任务实施

传统的线下购物模式中，消费者在店铺中挑选、体验商品，往往需要花费大量的时间和精力。AR 技术帮助消费者足不出户，直接在手机上看到自己穿上衣服、戴上配饰的效果，轻松了解商品的款式和搭配效果，方便消费者选择。得物 APP 的"AR 试穿"功能便是一例，如图 1-23 所示。它充分利用了 AR 技术的优势，给消费者带来了全新的购物体验和更高的购物效率。

图 1-23 得物 APP 的 "AR 试穿" 功能界面

请按下面步骤，体验"得物"APP 的"AR 试穿"功能。

步骤 1 打开手机的应用商店，搜索得物 APP，下载安装。

步骤 2 选择一款喜欢的鞋子，点击"AR 试穿"标签。

步骤 3 将脚放在屏幕可识别的区域，并旋转观看各个脚面识别的效果，体验"AR 试穿"的功能。

◆ 能 力 自 测 ◆

1. 什么是增强现实？举出三个增强现实技术实例。

_____

_____

2. 请举例说明使用 AR 技术的教学与传统教学模式的区别。

_____

_____

3. 列出三个 AR 硬件设备，并讨论它们的优缺点。

_____

_____

4. 分组讨论增强现实在未来生活中的重要性。

_____

_____

◆ 学 习 评 价 ◆

组员姓名		项目小组名称				
评价栏目	任务详情	评价要素	分值	评价主体		
				学生自评	组内互评	教师点评
理解情况 （60分）	什么是AR	是否完全理解	10			
	AR与VR的区别	是否完全理解	10			
	AR的关键技术有哪些	是否完全理解	10			
	如何区分有标识/无标识的AR技术	是否完全理解	10			
	简述视频透视式显示器和光学透视式显示器的区别	是否完全理解	10			
	AR有哪些常见的应用领域	是否完全理解	10			
掌握熟练度 （20分）	知识结构	知识体系	10			
	准确性	概念和基础掌握	10			
团队协作能力 （10分）	积极参与讨论	积极参与和发言	5			
	对项目组的贡献	对团队的贡献值	5			
职业素养 （10分）	态度	是否遵守课堂纪律，是否具有团队协作精神	5			
	操作规范	操作前是否对硬件设备和软件环境检查到位	5			
合计			100			

项目2

增强现实系统开发工具

 项目导读

增强现实（AR）技术将虚拟对象叠加到真实场景中。要实现逼真的虚实融合的视觉效果，需要实时获取真实场景的环境信息，识别真实世界中的物体并持续跟踪。要实现与虚拟对象的交互，需要检测用户的操作行为，然后根据操作需求对虚拟对象实施某种变换。Unity、Vuforia 和 C# 脚本编程，为实现 AR 虚实融合、实时交互提供了便捷的开发工具。

 学习目标

- 熟悉 Unity 和 Vuforia Engine 的主要功能模块，了解这些功能模块的基本原理。
- 掌握基于平面标识图识别的 AR 应用创作方法与步骤，掌握利用 Unity 引擎与 Vuforia 工具包开发简单 Android 手机端 AR 应用的能力。
- 综合使用 Unity、Vuforia 和 C# 脚本编程开发一个 AR 应用软件，能够实现虚实融合的视觉效果与实时交互功能。

 职业素养目标

- 培养学生探索新知识、新技能的能力，掌握 AR 应用开发的技能。
- 利用所学专业知识，充分发挥创造性，借 AR 技术服务社会，创造效益。

职业能力要求

- 具有清晰的项目制作思路。
- 掌握资源查找的能力，学会利用工具平台提供的功能实现具体需求。
- 理论知识与实际项目需求相结合，善于探索和发现，在实践中培养解决问题的能力。

项目重难点

项目内容	工作任务	建议学时	技能点	重难点	重要程度
增强现实系统开发工具	任务2.1 平面标识图识别与AR虚实融合	2	基于Vuforia图像识别的虚拟对象叠加	Vuforia标识图识别功能模块的原理	★★★★★
				标识图和模型包的加载、设置与绑定	★★★★★
	任务2.2 基于C#脚本编程的AR交互实践	2	C#脚本编程实现AR交互	C#脚本编程	★★★★★
				导出APK文件并在手机上测试	★★★☆☆

任务 2.1 平面标识图识别与 AR 虚实融合

■ 任务目标

知识目标：了解 Vuforia 常用的识别与跟踪功能，掌握平面标识图识别方法及其在 Android 手机端 AR 应用开发中的作用。

能力目标：通过知识点学习和操作实践，掌握利用 Unity 引擎与 Vuforia 工具包开发简单 AR 应用的能力。

■ 建议学时

2 学时。

■ 任务要求

透彻理解本任务中的知识点，熟悉标识图的注册与 Unity 场景制作流程，了解 Vuforia 的功能模块。能够按照本任务实施流程开展标识图注册、场景制作与运行测试等实践，在实践中培养解决问题的思维和能力。对于未充分展示操作细节的步骤，能够善于利用网络资源，探索解决方法。

知识归纳

1. Vuforia Engine 的视觉功能

Vuforia Engine 是一款用于 AR 开发的软件开发工具包（Software Development Kit，SDK），支持 Android、iOS、Lumin 和 UWP 等操作系统。Vuforia 可以识别、跟踪真实世界中的图像与三维对象，可以实现真实环境识别，从而支持虚拟模型与真实环境交互。Vuforia 主要有以下功能模块。

（1）图像识别与跟踪（Image Target）：包括单目标图像（见图 2-1（a））、多目标图像、圆柱体目标（见图 2-1（b））、Vumark（见图 2-1（c））与条形码的识别与跟踪。

(a) 识别平面印刷物　　　　　(b) 识别圆柱体图像　　　　　(c) 识别Vumark标识

图 2-1　Vuforia 图像识别功能

（2）模型识别（Model Target）：依据预先存储到数据库的三维模型的形状特征，识别真实场景中的物体，从而将虚拟对象叠加到真实物体上，实现虚实融合，如图 2-2 所示。

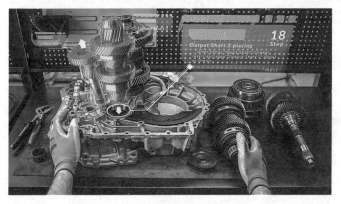

图 2-2　基于模型识别的 AR 应用

（3）环境识别：包括区域目标识别（Area Target）和水平面识别（Ground Plane），提供环境跟踪功能，能够识别、跟踪区域和空间（见图 2-3（a））以及水平面（见图 2-3（b））。利用三维扫描数据创建区域数据库，便于在扫描区域内的静态物体上叠加增强信息。可以用于游戏、导航和基于环境对象的交互。支持水平表面的检测和跟踪，使虚拟对象能够放置在环境中的水平表面上。

(a) 区域目标识别　　　　　　　　　(b) 水平面识别

图 2-3　区域目标与水平面识别应用场景

2. 平面标识物识别与 AR 虚实融合

利用 Vuforia 识别、跟踪真实世界的平面图像的功能，使用移动设备扫描标识图（见图 2-4），然后在识别到的图像上叠加预先准备好的虚拟对象，实现虚实视觉融合效果。

（1）标识图数据库文件包生成。为了识别真实场景中的人工标识图，需要预先对标识图进行注册。注册处理的流程为：上传制作好的标识图到 Vuforia 官网，提取标识图特征并存储到数据库中，下载生成的标识图数据库文件包（文件名 .unityPackage）。在真实场景中扫描标识图时，Vuforia 的识别功能模块比对扫描图像与数据库中存储的图像特征，实现标识图的识别。

图 2-4　平面标识图

（2）标识图和模型资源包的加载及绑定。在 Unity 工程中，利用 Vuforia Engine 中的 Image 模块创建 ImageTarget 游戏对象，添加到 Hierarchy 面板中，在 ImageTarget 中设置标识图数据库文件包和标识图文件。将预先加载到 Asset 文件夹的虚拟模型拖曳到 ImageTarget 中，即可实现标识图与虚拟模型的绑定。当扫描并识别到标识图时，将模型叠加到标识图上。

任务实施

本任务的实施流程如图 2-5 所示。

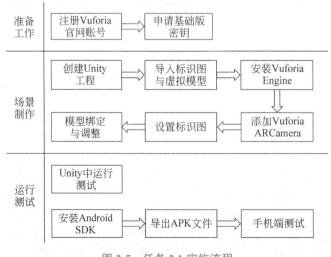

图 2-5　任务 2.1 实施流程

步骤 1　注册 Vuforia 账号。

Vuforia Engine 功能模块的使用授权、标识图注册等操作需要登录 Vuforia 官网，因此需要先注册 Vuforia 账号，以支持后续工作。

打开 Vuforia 官网，单击页面右上角的 Register 标签，如图 2-6 所示。填写必要的信息，完成账号注册工作。

图 2-6　账号注册

步骤 2　申请 Vuforia 基础版密钥，将密钥复制到本地文件。

Vuforia 基础版密钥用于 Vuforia Engine 功能模块的授权。只有获得授权，才能在 Unity 工程中加载、使用 Vuforia 的基础功能模块。

成功登录 Vuforia 官网后，进入开发者页面（见图 2-7），单击 Get Basic 按钮申请基础版本密钥。在图 2-8（a）所示的页面中填写基本信息后，单击 Confirm 按钮，完成密钥申请。将密钥（见图 2-8（b））复制到本地文件，以备后用。

图 2-7　Vuforia 开发者页面

步骤 3　创建 Unity 工程。

双击 Unity 图标，在 Projects 窗口中单击 New Project 按钮，在弹出的对话框中将工程命名为 ARTree，设置好保存路径，选择三维模式，单击 Create Project 命令，完成工程创建。在打开的工程界面中，熟悉 Unity 工程的各个功能模块。

步骤 4　在 Unity 工程中导入标识图数据库文件包和虚拟模型包。

在本书提供的资源包文件夹（Package）下面找到标识图数据库文件包（MarkDatabase 2_1.unityPackage），将其拖曳到 Unity 工程 ARTree 中，放置于 Project 面板的 Assets 文件夹下，在弹出的导入面板窗口（见图 2-9）下方单击 Import 按钮，实现标识图导入。用同样的方法，将虚拟模型包（Model2-1.unityPackage）导入 Assets 文件夹。

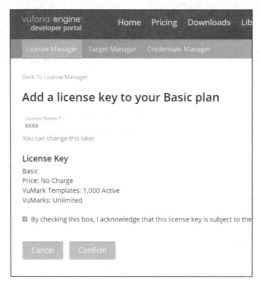

(a) 申请基础版本密钥

AYO16Kz/////AAABmWop4EiE6UuWriOElA4l2mZZaA5IJwGksTZNO31XoRlAR5gcM80HQdjhImAvnccwlAt+oEacZsyIUoREYJhyD96
MmP2jllP+9/+EeBtBN/1sRksHxOVn34TjNVJNfQ7BOsfEka+qpoGTpE6nEN2S2z1yCHEmaO9Y9o31sll/gzpjsMsHEHVa8f60aBAUWq
bcEEn31prkwYpl9Qup7OL3GPH+9b+bGrBEcKaLY2XQMCohxh1amLMgXYBI9Gcv26tiaqy8nLv7XCXh+fXnnx89H+oA59xUBFrw0UlkF
Kp4Az6hDLLPUXJ9NjVtKmJdt3F/C4rWDgJllFGp7MqlmCh9hZYtkSHUyyMY8+X9VoGDTDQT

(b) 申请获得的密钥

图 2-8　申请 Vuforia 基础版密钥

图 2-9　Unity Package 导入面板

步骤 5　安装 Vuforia Engine。

可以登录 Vuforia 官方网站下载并安装 Vuforia Engine，也可以在 Unity 工程中安装。

在创建 Unity 工程之后，依次执行菜单 Window → Package Manager 命令，弹出如图 2-10 所示的窗口。在右上角搜索框中输入 vuforia，左侧显示可安装的 Vuforia Engine 版本，选择 8.1.2（这里通常显示最新版本，安装最新版本即可）版本，单击右下角的 Install 按钮完成安装。

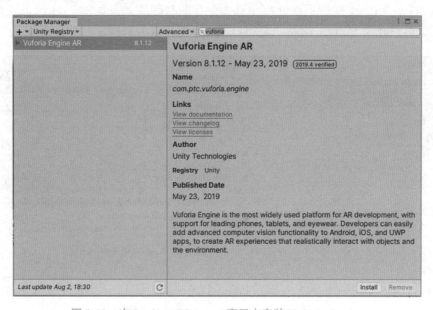

图 2-10　在 Package Manager 窗口中安装 Vuforia Engine

步骤 6　添加 Vuforia ARCamera。

首先熟悉 Vuforia Engine 的主要功能模块，包括真实世界的图像识别与跟踪、物体识别和环境识别。如图 2-11 所示，在 Unity 工程的层级视图面板（Hierarchy）中右击，弹出

图 2-11　添加 AR Camera

23

下拉菜单列表。在菜单项 Vuforia Engine 的二级菜单里面列出了 Vuforia 的主要功能模块。这些功能需经过 Vuforia 官方授权,添加密钥后才能使用。

单击 AR Camera 命令,将 AR Camera 添加到当前场景下(如图 2-11 所示的二级菜单项)。在 AR Camera 的 Inspector 面板中,选择 Open Vuforia Engine configuration 选项卡(见图 2-12),打开 Vuforia 配置页面,将步骤 2 保存的密钥填入,如图 2-13 所示。如果没有保存密钥,可以登录 Vuforia 网站,复制步骤 2 申请获得的密钥。

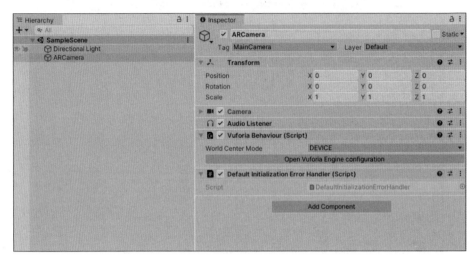

图 2-12　AR Camera Inspector 面板

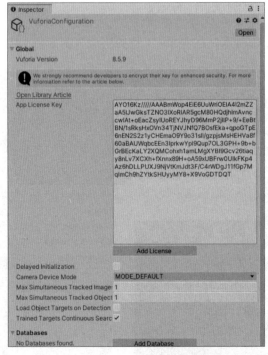

图 2-13　在 Vuforia 配置页面填入密钥

步骤 7 设置标识图。

如图 2-14 所示，在 Hierarchy 面板中右击，在弹出菜单中选择 Vuforia Engine，单击 Image 命令创建标识图游戏物体。

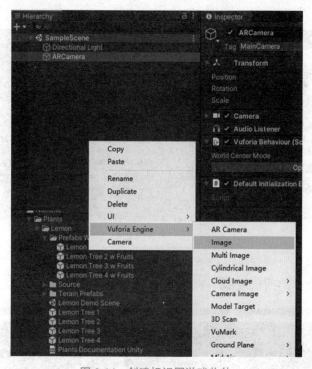

图 2-14 创建标识图游戏物体

如图 2-15 所示，选择 ImageTarget 游戏物体，在 Inspector 面板里面，选择对应的标识图数据库（Database）和标识图（ImageTarget）。

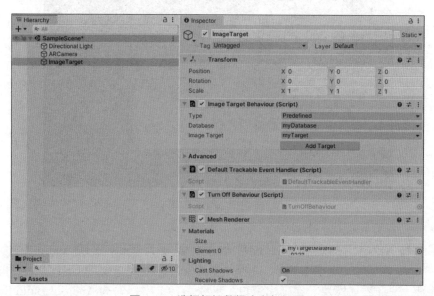

图 2-15 选择标识数据库和标识图

增强现实技术与应用

步骤 8 绑定虚拟模型与标识图，调整模型的大小、位置和方向。

将 Asset 文件夹下的模型拖曳到 Hierarchy 面板中，并放到 ImageTarget 游戏物体下，作为子物体。可以通过 Inspector 面板下的 Transform 组件，调整虚拟模型的位置、方向和大小，如图 2-16 所示。

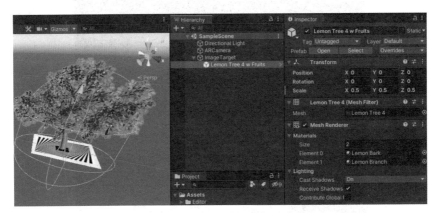

图 2-16 设置虚拟模型

步骤 9 运行工程，检验虚拟模型的叠加效果。

单击 Unity 中上方的播放键 ▶，测试效果，如图 2-17 所示。

图 2-17 测试效果

步骤 10 安装 Android SDK。

为了支持 AR 应用部署在 Android 平台上，需要为 Unity 安装 Android 模块。打开 Unity Hub 的安装页面（见图 2-18），选择左侧的安装，找到需要的 Unity 版本，单击右边的设置符号，选择添加模块。在弹出窗口（见图 2-19）中，勾选 Android Build Support 及

26

其附属的 Android SDK & NDK Tools 和 OpenJDK，单击"继续"按钮进行安装。

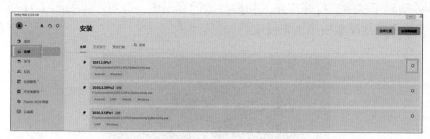

图 2-18　打开 Unity Hub 的安装页面

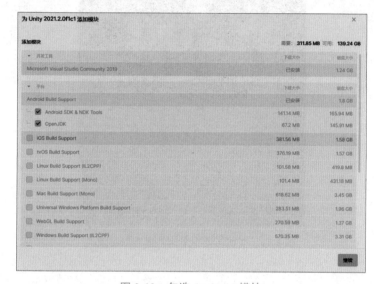

图 2-19　勾选 Android 模块

步骤 11　导出工程，在 Android 手机端进行测试。

依次执行菜单 File → Build settings 命令，选择 Android 平台，单击 Switch Platform 按钮，转换到 Android 平台，如图 2-20 所示。

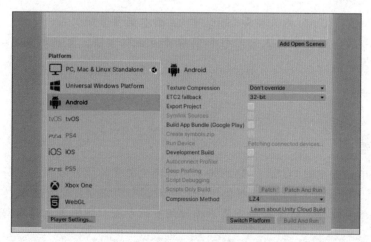

图 2-20　转换至 Android 平台

27

将当前场景加入 Scenes in Build 中，单击 Build 按钮，导出工程，导出 APK 文件。将 APK 文件安装到手机中，打开应用，扫描打印的标识图，即可产生如图 2-21 所示的虚实融合效果，虚拟植物模型按照预先设定叠加到标识图上方。

图 2-21 手机屏幕中呈现的虚实融合效果

任务 2.2 基于 C# 脚本编程的 AR 交互实践

▇ 任务目标

知识目标：学习 Unity 内置类和 Unity 中 C# 脚本编程等知识点。

能力目标：结合主要知识点的学习和网络资源获取方法，掌握利用 C# 脚本实现 AR 交互的应用开发能力。

▇ 建议学时

2 学时。

▇ 任务要求

透彻理解本任务中的知识点，熟悉脚本编辑环境配置的操作流程，了解脚本编辑器的用户界面（User Interface, UI）。能够按照任务实施流程开展 AR 交互实践，在实践中培养解决问题的思维和能力。对于未充分展示操作细节的步骤，能够善于利用网络资源，探索解决方法。

知识归纳

1. C# 脚本编程

在 Unity 项目开发中，脚本主要用于响应用户的输入和处理场景事件，实现某些交互效果，控制对象的物理行为，为场景角色定制人工智能（Artificial Intelligence, AI）系统。

C# 是重要的 Unity 脚本编程语言。C# 脚本可以在 Unity 内置的编辑器中编辑、运行，也可以和外部编辑器连接。

2. Unity 内置类

脚本编写中，主要应用的 Unity 内置类如下。

（1）GameObject：表示可以存在于场景中的对象的类型。

（2）MonoBehaviour：基类。默认情况下，所有 Unity 脚本都派生自该类。

（3）Object：可以在编辑器中引用的所有对象的基类。

（4）Transform：处理游戏对象的平移、旋转和缩放，以及与父和子游戏对象的层级关系。

（5）Vectors：用于表达和操作 2D、3D 和 4D 的点、线和方向的类。

（6）Quaternion：表示绝对或相对旋转的类，并提供相应的创建和操作方法。

（7）ScriptableObject：可用于保存大量数据的容器。

（8）Time：用于测量和控制时间，并管理项目的帧率。

（9）Mathf：包括三角函数、对数函数等常见的数学函数。

（10）Random：生成各种常用类型的随机数。

（11）Debug：可视化编辑器中的信息，帮助了解或检查项目运行时的情况。

（12）Gizmos 和 Handles：用于在 Scene 视图和 Game 视图中绘制线条和形状，以及交互式手柄和控件。

任务实施

本任务的实施流程如图 2-22 所示。

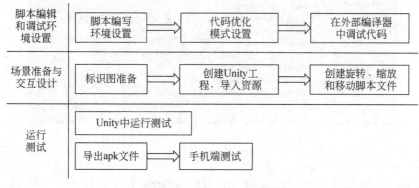

图 2-22　任务 2.2 实施流程

步骤 1　准备标识图数据库文件包和模型包。

在本书提供的资源包文件夹（Package）下面找到标识图数据库文件包（MarkDatabase 2_2.unityPackage）和模型包（Model2-2. unityPackage）。

步骤 2　创建 Unity 工程，导入资源。

根据任务 2.1 中步骤 4~ 步骤 8 的方法，依次将标识图数据库文件包和模型包导入 Unity 工程，完成标识图和模型的设置等任务。

步骤 3　设置脚本编写环境。

首先，在 Unity 中设置集成开发环境（Integrated Development Environment, IDE），用于脚本编辑。以 Microsoft Visual Studio 为例，Unity Editor 安装程序包括一个选项，允许安装包含 Visual Studio Tools for Unity 插件的 Visual Studio。建议通过这种方式设置 Visual Studio，以便在 Unity 中执行调试。依次执行 Tool → Get Tools and Features 命令，选择安装 Visual Studio Tools for Unity plug-in。

然后，在 Unity 中指定外部脚本编辑器。安装好代码编辑器后，依次执行 Preferences → External Tools 命令，将 External Script Editor 设置为代码编辑器。

步骤 4　了解 Unity 代码优化设置模式，并掌握设置方法。

Unity 代码优化设置有以下两种模式。

（1）Debug Mode。该模式允许使用外部调试器，但在编辑器中以运行模式运行项目时会导致 C# 性能下降。

（2）Release Mode。该模式只能在 Unity 自带的编辑器中运行、调试，在编辑器中以运行模式运行项目的效率较高。

现在，学习如何设置 Unity 编辑器启动时的代码优化设置模式。依次执行菜单 Edit → Preferences 命令，单击 Preferences 对话框左边栏中的 General 标签，在 General 列表下的 Code Optimization On Startup 中选择 Debug 或 Release，如图 2-23 所示。

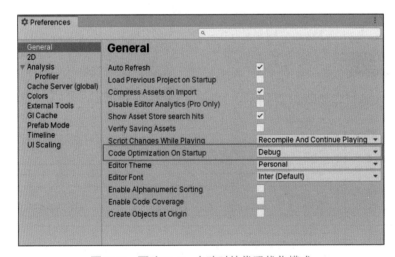

图 2-23　更改 Unity 启动时的代码优化模式

步骤 5　在外部编辑器中调试脚本代码。

打开 Unity 自带的编辑器（Editor），单击 Unity 编辑器状态栏右下角的 Debug 按钮，将编辑器的代码优化模式设置为 Debug Mode。

打开 Microsoft Visual Studio，实现 Visual Studio 的代码编辑器与 Unity 编辑器相连接。首先在工具条上找到 Attach to Unity 选项（在不同的代码编辑器中，该选项可能有所差异），如图 2-24 所示。

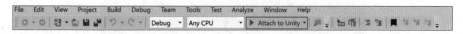

图 2-24　Visual Studio 中的 Attach To Unity 按钮

然后选择要调试的 Unity 实例。在 Visual Studio 中，依次选择菜单 Debug → Attach Unity Debugger 选项，弹出一个可调试的当前 Unity 实例列表，如图 2-25 所示。

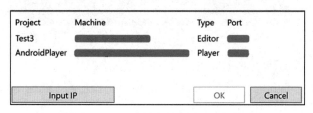

图 2-25　可调试的当前 Unity 实例列表

测试 Visual Studio 代码编辑器与 Unity 编辑器是否成功连接，观察两者之间的交互响应效果。首先，在 Visual Studio 的代码编辑器中设置断点，在代码编辑器左侧列单击，如果相应行号旁边出现红色的圆形，并高亮显示该行代码，则断点设置成功。

然后，回到 Unity 自带的编辑器中，运行脚本代码。执行到断点处代码时，观察外部代码编辑器 Visual Studio 的响应。正常情况下，Visual Studio 将在断点处停止，并可以逐步查看变量的内容。只有在外部调试器中选择继续运行或停止调试模式后，Unity 编辑器才会响应，如代码 2-1 所示。

【代码 2-1】　测试代码。

```
public class ExampleScript : MonoBehaviour
{
    void Start ( )          //在初始化时被调用，可以在函数中初始化类中的成员变量
    {
        Debug.Log("Debug message here")
    }
    void Update( )          //在场景的每一帧更新前会被调用
    {
        Debug.Log("Debug message here")
    }
}
```

步骤 6　创建旋转脚本文件，并绑定到虚拟模型。

创建旋转脚本 spinning。在 ImageTarget 的 Inspector 面板底部单击 Add Component 按钮，输入将创建的脚本名称 spinning，单击 New script 命令创建脚本文件，如图 2-26 所示。

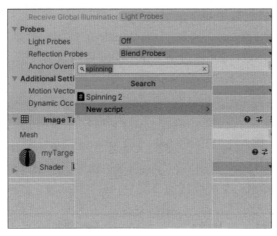

图 2-26　创建旋转脚本文件

步骤 7　编辑脚本文件，实现模型的旋转。

右击脚本文件 spinning，选择 Edit Script 命令，进入 Visual Studio 编辑脚本。为 spinning 脚本添加代码（见代码 2-2）。

【代码 2-2】　控制虚拟模型旋转。

```
using System.Collections;
using System.Collections.Generic;
using UnityEngine;
public class spinning : MonoBehaviour
{
    Vector2 pos1;                    //声明向量，记录上一帧触点位置
    private float speed = 0.3f;      //设置旋转速度
    private void Update()
    {
        if(Input.touchCount == 1 &&
           Input.GetTouch(0).phase == TouchPhase.Moved)
        {
            //向量记录本帧触点位置
            Vector2 newPos1 = Input.GetTouch(0).position;
            Vector3 vecR = new Vector3(0, pos1.x -newPos1.x);
            //绕自身轴旋转
            gameObject.transform.Rotate(vecR * speed, Space.Self);
            pos1 = newPos1;
        }
    }
}
```

步骤 8　创建缩放脚本文件。

用步骤 6 的方法，创建缩放脚本文件 Zoom，参数如图 2-27 所示。利用步骤 7 的方法添加代码,内容如代码 2-3 所示。用同样的方法添加平移脚本文件 translate,如代码 2-4 所示。

32

注意 Zoom 脚本中需要引用 UnityEngine.EventSystems 命名空间，继承 IDragHandler 接口。

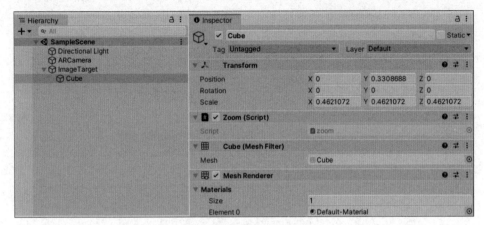

图 2-27　创建缩放脚本

【代码 2-3】 实现虚拟模型缩放功能。

```
using System.Collections;
using System.Collections.Generic;
using UnityEngine;
public class zoom : MonoBehaviour
{
    //声明两个向量，用于记录上一帧触点位置
    Vector2 pos1;
    Vector2 pos2;
    void Update()
    {
        if(Input.touchCount == 2)
        {
            if(Input.GetTouch(0).phase == TouchPhase.Moved ||
                Input.GetTouch(1).phase ==TouchPhase.Moved)
            {
                //记录本帧中的两个触点位置
                Vector2 newPos1 = Input.GetTouch(0).position;
                Vector2 newPos2 = Input.GetTouch(1).position;
                if (isBigger(pos1, pos2, newPos1, newPos2))
                {
                    float oldScale = transform.localScale.x;
                    float newScale = oldScale * 1.025f;  //设置放大比例
                    transform.localScale = new Vector3(newScale, newScale, newScale);
                }
                else
                {
                    float oldScale = transform.localScale.x;
```

```
                float newScale = oldScale / 1.025f;   //调整缩小比例
                transform.localScale = new Vector3(newScale, newScale, newScale);
            }
            pos1 = newPos1;
            pos2 = newPos2;
        }
    }
}
//通过上一帧和本帧的触点距离变化，判断是放大操作还是缩小操作
bool isBigger(Vector2 oP1, Vector2 oP2, Vector2 nP1, Vector2 nP2)
{
    float length1 = Mathf.Sqrt((oP1.x -oP2.x) * (oP1.x -oP2.x) +
                               (oP1.y -oP2.y) * (oP1.y -oP2.y));
    float length2 = Mathf.Sqrt((nP1.x -nP2.x) * (nP1.x -nP2.x) +
                               (nP1.y -nP2.y) * (nP1.y -nP2.y));
    if(length1 < length2) return true;
    else return false;
}
}
```

【代码 2-4】 实现虚拟模型平移功能。

```
using UnityEngine;
using System.Collections;
using System.IO;
public class move : MonoBehaviour
{
    //声明向量，用于记录上一帧位置
    Vector2 pos1;
    private void Update()
    {
        if(Input.touchCount == 1 && Input.GetTouch(0).phase == TouchPhase.Moved)
        {
            //记录本帧位置
            Vector2 newPos1 = Input.GetTouch(0).position;
            if(isleft(pos1, newPos1)==2)
            {
                transform.position += new Vector3(0.02f, 0, 0);
            }
            else if(isleft(pos1, newPos1) == 1)
            {
                transform.position -= new Vector3(0.02f, 0, 0);
            }
        }
    }
```

```
//判断触点是左移还是右移
int isleft(Vector2 oP1, Vector2 nP1)
{
    if(nP1.x -oP1.x > 0)
    {
        return 2;
    }
    else if(nP1.x -oP1.x < 0)
    {
        return 1;
    }
    else return 0;
}
}
```

步骤 9 在 Unity 工程中测试。

单击 Unity 中上方的播放键并测试效果，如图 2-28 所示。

步骤 10 导出工程，在 Android 手机端进行测试。

导出工程，生成 APK 文件。将 APK 文件安装到 Android 手机中，在手机上呈现 AR 交互效果。图 2-29~图 2-31 分别展示了模型的旋转、缩放和平移效果。

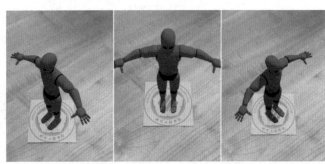

图 2-28 测试显示效果   图 2-29 手机端旋转效果呈现

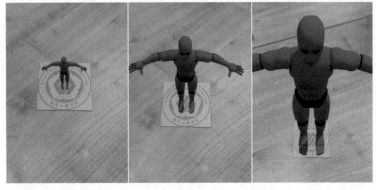

(a) 缩小后   (b) 原始大小   (c) 放大后

图 2-30 手机端缩放效果呈现

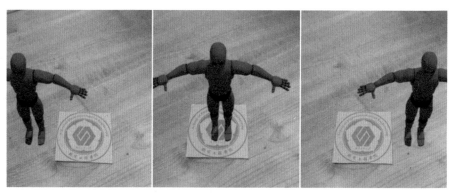

图 2-31　手机端平移效果呈现

◆ 能 力 自 测 ◆

1. 在本书提供的素材中，找到模型包 ExModel2-1.unityPackage。创建 Unity 工程 EX2-1，按照任务 2.1 中步骤 4～步骤 9 的方法，依次将标识图数据库文件包（myDatabase. unityPackage）和模型包导入 Unity 工程，完成标识图和模型的设置等任务。

_____

_____

2. 打印标识图，将标识图固定到桌面上。导出 EX2-1 工程，生成 APK 文件，将 APK 文件安装到 Android 手机中。手机对准标识图，观察效果。

_____

_____

3. 在题 2 的基础上，将标识图贴到硬质卡片上。手机对准标识图，移动或者转动硬质卡片，观察 AR 呈现效果。改变移动速度，测试 Vuforia 图像跟踪性能。

_____

_____

4. 在题 3 的基础上，尝试遮挡部分标识图，观察虚实叠加效果。

_____

_____

5. 模仿任务 2.2 中的步骤 6～步骤 8，在 EX2-1 工程中，创建旋转、缩放和平移脚本，并绑定到游戏对象中。导出工程到 Android 平台，在 Android 手机上安装 APK 文件，运行并观察测试效果。

_____

_____

◆ 学 习 评 价 ◆

组员姓名		项目小组名称					
评价栏目	任务详情	评价要素	分值	评价主体			
				学生自评	小组互评	教师点评	
对基于标识图识别的 AR 虚实融合原理的理解程度（18分）	Vuforia 的主要功能模块	是否完全了解	3				
	Vuforia 识别平面标识图的原理	是否掌握透彻	5				
	标识图注册流程	是否完全了解	3				
	标识图和模型资源包的加载流程	是否完全了解	4				
	标识图和虚拟模型的绑定方法	是否完全了解	3				
对基于 C# 脚本编程的 AR 交互方法的掌握程度（12分）	脚本编程在交互中的作用	是否完全了解	3				
	Unity 脚本编程语言	是否完全了解	3				
	Unity 常用内置类	是否完全了解	3				
	脚本编辑环境配置的操作流程	是否完全了解	3				
操作熟练度（60分）	注册 Vuforia 账号	任务完成度和效率	5				
	申请 Vuforia 基础版密钥	任务完成度和效率	5				
	安装 Vuforia Engine	任务完成度和效率	5				
	标识图和模型资源包的加载	任务完成度和效率	6				
	标识图与虚拟模型绑定	任务完成度和效率	5				
	脚本编辑环境配置	任务完成度和效率	5				
	脚本调试	任务完成度和效率	5				
	模型旋转交互	任务完成度和效率	6				
	模型缩放交互	任务完成度和效率	6				
	模型平移交互	任务完成度和效率	6				
	在 Unity 和 Android 手机端测试	任务完成度和效率	6				
职业素养（10分）	态度	是否提前准备，报告是否完整	2				
	独立操作能力	是否能够独立完成，是否善于利用网络资源	4				
	拓展能力	是否能够举一反三	4				
合计			100				

项目3

移动端应用项目：AR酷跑——场景的搭建

项目导读

项目 3～项目 5 将讲解如何制作一个简单的 AR 小游戏——AR 酷跑游戏。本项目主要介绍如何使用 Unity 游戏引擎和 AR 通用开发工具 Vuforia，以及 AR 系统所涉及的各个坐标系的定义及其相互关系。具体任务是：在真实环境中放置几种虚拟游戏角色模型，利用 Unity 中的基础几何模型构建酷跑场景以及其中的障碍物。

学习目标

- 理解 AR 系统所涉及的几个重要坐标系：世界坐标系、模型坐标系、投影坐标系和摄像头坐标系，掌握它们的定义以及相互之间的关系。
- 了解在 Unity 内上述坐标系是如何体现的，如何设置物体之间的父子关系，如何实现绕柱旋转的动作以及背后的图形学知识。
- 掌握 Unity 内导入 Vuforia 开发包的方法，以及调整、摆放游戏对象的方法。

职业素养目标

- 创新思维能力：学生应具备创造性思维和解决问题的能力，能够利用本项目介绍的场景搭建方法独立设计并实现 AR 酷跑游戏的场景，提升游戏体验。
- 自主学习能力：学生应具备自主学习的能力，能够独立研究和学习相关技术和工具，以不断提升自身技能和知识水平。

职业能力要求

AR 技术应用能力：学生应熟练掌握 AR 技术的相关知识和技能，包括 AR 平台的开发工具、AR 引擎的应用等。

项目重难点

项目内容	工作任务	建议学时	技能点	重难点	重要程度
AR 酷跑——场景的搭建	任务 3.1　Vuforia 图片识别与参数设置	2	Vuforia 管理端基本操作以及图片的制作原则	Vuforia 图片识别	★★★☆☆
				训练后的文件导入 Unity 并设定相关参数	★★★★★
	任务 3.2　游戏场景的搭建	2	Unity 内的基本操作	了解 AR 系统的坐标定义与概念	★★★★★

任务 3.1　Vuforia 图片识别与参数设置

任务目标

知识目标：了解 Vuforia 平台的基本原理和概念，掌握 Vuforia 平台的使用方法和使用工具。

能力目标：学会如何创建和训练图像集，包括选择图像、处理和编辑图像，以及训练图像集；掌握导出训练后的数据文件并导入 Unity 内。

建议学时

2 学时。

任务要求

透彻理解本任务中的知识点，熟悉操作流程，了解 Vuforia 平台的功能模块组成。对本书未充分展示操作细节的部分，应学会查询 Vuforia 官网上的帮助文档，善于探索和发现，尝试用不同方法来实现，从而在实践中培养自己解决问题的能力。

知识归纳

Vuforia 图像的标准

Vuforia 平台支持 RGB 或灰度图像，文件格式为 JPG 或 PNG，支持 8 位或 24 位图。为了确保识别效果，文件大小应不超过 2.25MB，图像宽度不低于 320 像素。同时，为了提高识别率，内容应该足够丰富，尽可能具有较强的色彩对比度。规范标准见表 3-1。

表 3-1　跟踪的规范标准

规 范 要 求	详 细 说 明
丰富的细节	如包含街景、人群、物品拼贴、体育场景等
强烈的对比	有亮度和暗度区域以及充足照明的图像效果良好
没有重复图案	应该使用独有的特征和清晰的图形尽可能覆盖目标区域，以避免对称、重复图案和没有特征的区域
格式	必须是灰度（8 位）图像或 RGB 图像（24 位），文件格式为 PNG 或 JPG；文件大小不超过 2.25MB，图像宽度不低于 320 像素

Vuforia 平台也为用户提供了一个评分机制，当用户上传需要识别的图像文件到系统后，系统会自动对该图片进行评分，以便用户能够快速知道该图像文件是否适合跟踪与识别，如图 3-1 所示。

图 3-1　Vuforia 的目标管理器的评分功能

任务实施

任务整体实施流程如图 3-2 所示。

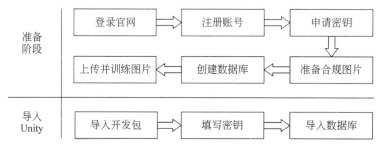

图 3-2　任务 3.1 实施流程

1. 准备阶段

步骤 1　进入 Vuforia 官方网站。

登录 Vuforia 官方网站，单击 Develop（开发）按钮，进入开发页面，如图 3-3 所示。

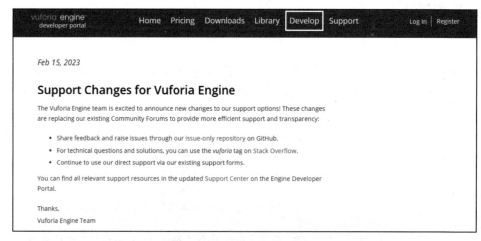

图 3-3　Vuforia 官网首页

步骤 2 注册账号。

单击 Vuforia 官方网页右上角 Register（注册）按钮，进入注册页面如图 3-4 所示，开始注册账号。

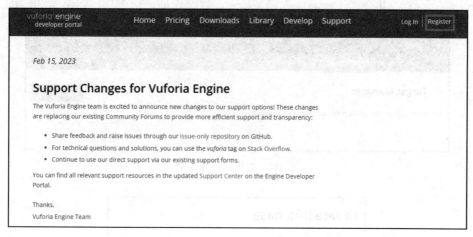

图 3-4 注册账号

步骤 3 申请 Vuforia 密钥。

在完成注册账号且成功登录后，依次单击 Develop（开发）→ License Manager（密钥管理）标签，进入 Vuforia 密钥申请界面，单击 Get Basic（获取基础版）按钮，如图 3-5 所示。因为仅使用 Vuforia 的基础功能，所以只需申请免费的基础版密钥。

图 3-5 密钥申请示意

步骤 4 准备合规图片。

需要预先准备一张清晰、特征明显的图片，上传作为识别图（见图 3-6）。

图 3-6 合规的图片

步骤 5　创建数据库。

单击图 3-5 中的 Target Manager（目标管理）标签，进入目标管理界面，如图 3-7 所示。单击 Add Database（添加数据库）按钮，在弹出的对话框中完善数据库名称，勾选类型 Device（设备），再单击 Create（创建）按钮，数据库即创建成功，如图 3-8 所示。

图 3-7　创建数据库示意

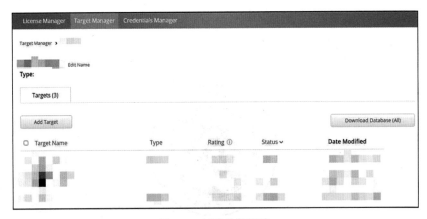

图 3-8　创建数据库弹出对话框

步骤 6　上传并训练图片。

选择步骤 5 中创建的数据库，进入该数据库界面。如图 3-9 所示，单击 Add Target（添加目标）标签添打开添加目标对话框。在弹出的对话框中，单击选择 Image（图片）类型，单击 Browse（浏览）按钮，选择步骤 4 中预先准备好的图片，设置图片尺寸 Width 值为 1，填写识别图名称，最后单击 Add（添加）按钮即可完成图片的上传和训练，如图 3-10 所示。

图 3-9　创建的数据库

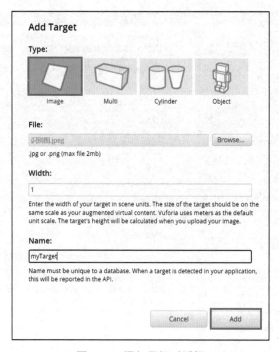

图 3-10　添加目标对话框

2. 导入 Unity

步骤 1　导入开发包。

首先，创建并打开工程，依次单击 Window → Package Manager 标签，如图 3-11 所示。然后，找到 Vuforia Engine AR 并下载，如图 3-12 所示。安装好后依次单击 GameObject → Vuforia Engine → AR Camera 标签，将 AR Camera 添加到场景中，如图 3-13 所示。

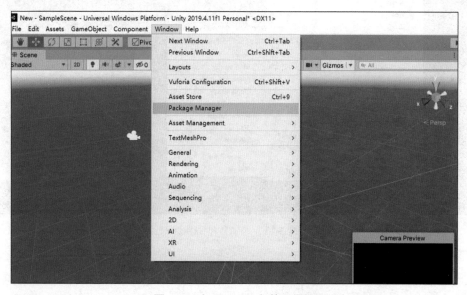

图 3-11　打开 Unity 包管理界面

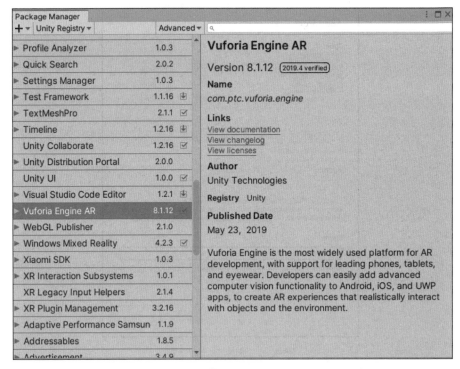

图 3-12　下载 Vuforia Engine AR

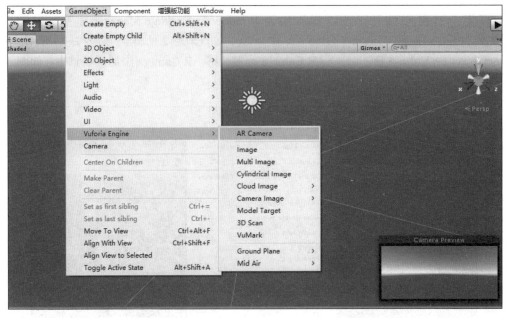

图 3-13　添加 AR Camera

步骤 2　填写密钥。

在工程的 Hierachy 面板中单击 AR Camera 中的 Open Vuforia Engine configuration 标签，如图 3-14 所示。打开后在框中输入许可密钥即可，无需其他操作，如图 3-15 所示。

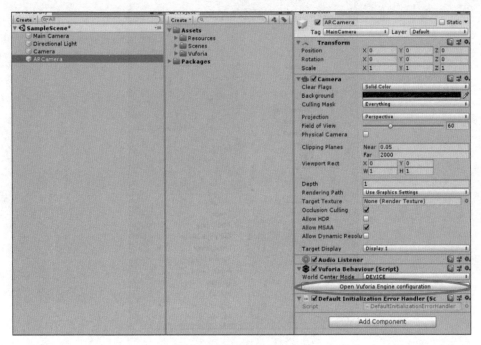

图 3-14　设置 AR Camera

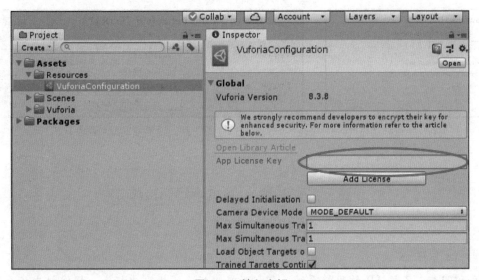

图 3-15　填入密钥

步骤 3　导入数据库。

在 Hierarchy 中右击找到 Vuforia Engine → Image，即可在 Hierarchy 面板中生成一个 ImageTarget 组件，如图 3-16 所示。然后将在准备阶段的步骤 5 中创建的数据库下载并导入 Unity 中，如图 3-17 所示。单击 Image Target，打开 Image Target Behaviour 卷展栏设置相关标签，其中，为 Database 选择导入的数据库，为 Image Target 选择需要识别图片的名称，如图 3-18 所示。

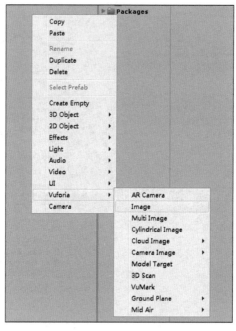

图 3-16　创建 Image Target

图 3-17　下载数据库

图 3-18　设置数据库和图片

任务 3.2　游戏场景的搭建

■ 任务目标

知识目标：了解 AR 的坐标系统，包括世界坐标系、模型坐标系、摄像机坐标系和投影坐标系等，并理解它们之间的关系和转换方法。

能力目标：能够使用 Unity 编辑器创建和编辑游戏场景，放置游戏对象、设置对象属性和参数、添加灯光和特效等；能够利用 Unity 编辑器内的基本对象模型组装 AR 酷跑游戏场景与障碍对象。

■ 建议学时

2 学时。

■ **任务要求**

透彻理解本任务中的知识点，能够熟练通过 Unity 编辑器放置、缩放和旋转游戏对象。熟练掌握 Unity 编辑器中场景平移、视角转换等辅助编辑功能。掌握通过 Unity 编辑器放置环境光的方法。

知识归纳

1. 图形学常用坐标系及其之间的关系

在计算机图形学中，经常接触到的坐标系有以下四种。

（1）世界坐标系（World Coordinate System，WCS）：三维场景中所有物体位置和方向的参考系。通常是一个右手坐标系，如图 3-19 所示，其中 X 轴（大拇指）指向右侧，Y 轴（食指）指向上方，Z 轴（中指）指向用户。在这个坐标系中，物体的位置和方向是相对于场景原点来描述的。

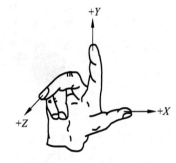

图 3-19　基于右手定则的世界坐标系

（2）模型坐标系（Model Coordinate System，MCS）：一个物体自身固有的坐标系，用于描述物体的几何形状和位置。对于一个模型，如果其模型坐标系的原点位置相对世界坐标系发生变化，则其所有顶点坐标都会随之发生变化，如图 3-20 所示。通常情况下，我们在世界坐标系对某一模型进行平移、旋转等操作，其实就是对该模型自身的模型坐标系进行相应的操作，并不影响模型各顶点在自身的模型坐标系下的坐标值。

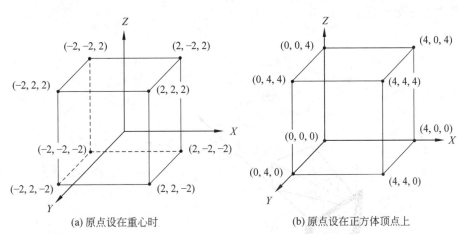

(a) 原点设在重心时　　　　　　　　(b) 原点设在正方体顶点上

图 3-20　模型坐标系原点处在不同位置时模型顶点坐标的变化

（3）摄像机坐标系（View Coordinate System，VCS）：摄像机拍摄场景时的坐标系，通常为左手坐标系。如图 3-21 所示，摄像机坐标系的原点（O_c）通常位于摄像机的位置（摄像机的镜头光心位置），Z 轴指向摄像机面向的方向，X 轴和 Y 轴组成一个平面，用于

描述场景在摄像机视角下的位置和方向。所有渲染引擎最终是在摄像机坐标系下实现对模型的渲染。

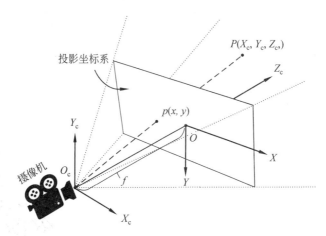

图 3-21　摄像机坐标系与投影坐标系

（4）投影坐标系（Projection Coordinate System，PCS）：摄像机拍摄场景时的二维坐标系，通常使用齐次坐标来表示。在这个坐标系中，物体的位置和方向被投影到摄像机的成像平面上，然后用二维坐标来表示。如图 3-21 所示，投影坐标系原点 O 与摄像机坐标系原点 O_c 间的距离一般称为摄像机的焦距 f。

2. AR 系统坐标系与相关核心元素

AR 系统主要使用世界坐标系以及核心元素来描述 AR 场景中的物体位置和方向，实现虚实叠加甚至虚实融合，它们之间的关系如图 3-22 所示。世界坐标系一般与所选用的渲染引擎相关。本书使用 Unity 作为渲染引擎，因此，世界坐标系与 Unity 的世界坐标系一致，均为左手坐标系。

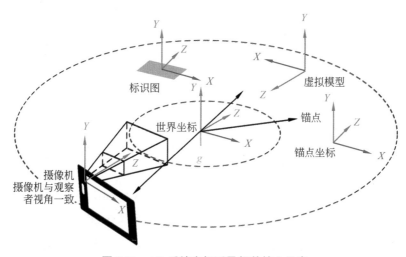

图 3-22　AR 系统坐标系及相关核心元素

（1）世界坐标系：遵循 DirectX 约定，为左手坐标系，即 X 轴向右，Y 轴向上，Z 轴指向屏幕内，如图 3-23 所示。

（2）摄像机元素：在 AR 系统中，要把虚拟模型叠加（或融合）到真实场景上，首先需要实时计算出摄像机（或人观察的视角）在世界坐标系中的位姿信息，再根据位姿信息实时绘画出三维模型，使三维模型达到看起来被"放置"到真实环境的效果。在这个过程中，如何实时、精确地计算出摄像机的位置信息是关键。这一过程也称为注册过程，所使用的算法称为注册算法。Vuforia 的作用就是自动完成注册过程，把 AR 摄像机的位姿信息返回到 Unity 内，以便 Unity 能够渲染出虚实叠加（或融合）的效果。

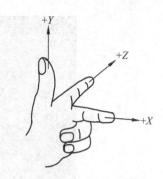

图 3.23　Vuforia 与 Unity 相结合的 AR 系统世界坐标系

（3）标识图元素：标识图是 Vuforia 用于计算摄像机实时位姿信息的基础依据。Vuforia 的计算结果其实就是摄像机在标识图坐标系下的位姿信息。为了获得摄像机在世界坐标系下的位姿信息，一般把世界坐标系与标识图坐标系重合在一起；标识图坐标系因而也称为锚点坐标系。任何一个 AR 系统都需要有一个锚点坐标系。

任务实施

AR 酷跑的场景（见图 3-24）包括游戏人物、主跑道（由地面与两侧围栏组成）以及各种障碍物等元素。

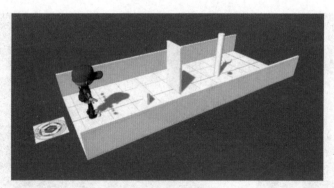

图 3-24　AR 酷跑场景的构成

场景构建的具体步骤如下。

步骤 1　设置识别图。

在场景中添加 ImageTarget 图片，并选择所需的识别图，即可看到如图 3-25 所示的场景。可将识别图的位置 Position 设置为（0，0，0），而旋转角度 Rotation 和缩放比例 Scale 均保持不变，如图 3-26 所示。

步骤 2　创建主跑道。

首先在场景中选择创建 Plane，将 Position 设置为（0，0，5.7），Rotation 保持不变，Scale 调整为（0.4，1，1），结果如图 3-27 所示。

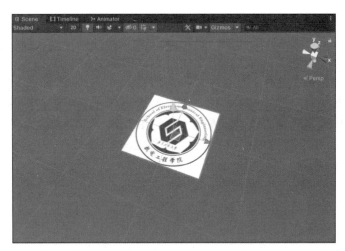

图 3-25　识别图添加到场景中

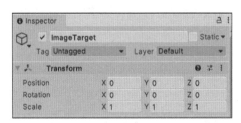

图 3-26　识别图参数设置

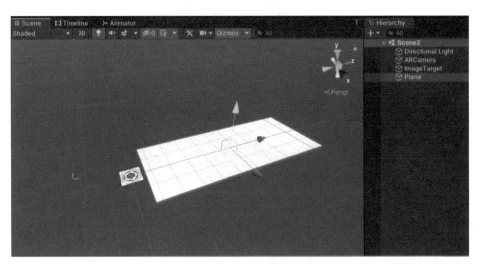

图 3-27　创建 Plane

接下来创建两侧墙体，在场景中创建 Cube，并重命名为 Wall1，Position 调整为（-2，0.5，5.7），Scale 调整为（0.1，1，10），Rotation 保持不变。复制并粘贴 Wall1，重命名为 Wall2，将 Position 调整为（2，0.5，5.7）。在 Hierarchy 面板中，将 Wall1 及 Wall2 拖动到 Plane 游戏物体下，让前两者作为后者的子物体。得到如图 3-28 所示的主跑道场景。

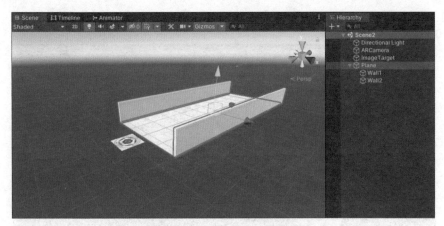

图 3-28　创建主跑道两侧墙体

步骤 3　设置游戏人物。

将游戏人物拖入场景，并设置 Position 为（0，0，1.5），Rotation 为（0，0，0），Scale 为（1，1，1），得到如图 3-29 所示的场景。

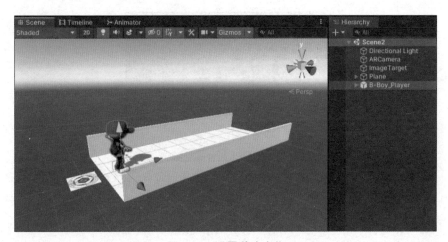

图 3-29　设置游戏人物

步骤 4　创建障碍物。

首先，创建矮墙障碍。创建 Cube，重命名为 short，设置 Position 为（0，0.25，3.5），Scale 为（1，0.5，0.1），Rotation 为（0，0，0）。

其次，创建高墙障碍。创建 Cube，重命名为 tall，设置 Position 为（0，1，5），Scale 为（1，2，0.1），Rotation 为（0，0，0）。

创建自转球障碍。创建 Cylinder，设置 Position 为（0，1，7.5），Scale 为（0.3，1，0.3），Rotation 为（0，0，0）；再创建 Sphere，调整 Scale 为（0.3，0.3，0.3），将其放到 Cylinder 游戏物体下，再设置 Position 为（2，0，0），Rotation 为（0，0，0）。

增加了障碍物的场景如图 3-30 所示。

步骤 5　将全部游戏物体置于识别图下。

将以上创建的主跑道、游戏人物和障碍物都拖动到 ImageTarget 下，如图 3-31 所示，就能在实际应用时叠加显示在识别图上。

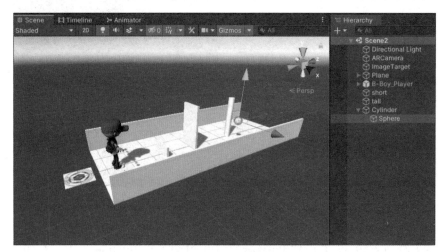

图 3-30　创建障碍物

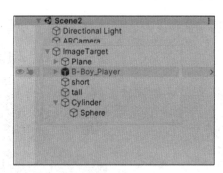

图 3-31　游戏物体置于识别图下

◆ 能 力 自 测 ◆

1. 试试找不同的图片（如纯色图片、简单图案的图片等）上传到 Vuforia 平台进行识别，观察哪些图片评分高？哪些图片评分低？为什么？

_____

_____

2. 尝试利用 Unity 的基本图形搭建更复杂的跑步长廊。

_____

_____

3. Vuforia 和 Unity 是广泛使用的 AR 开发工具。了解其他 AR 工具和框架，如 EasyAR 和 ARCore，并比较它们之间的优缺点。

_____

_____

◆ 学 习 评 价 ◆

组员姓名		项目小组名称				
评价栏目	任务详情	评价要素	分值	评价主体		
				学生自评	小组互评	教师点评
Vuoria 图片识别与参数设置（18 分）	创建和训练图像集	是否完全了解	5			
	导出训练后的数据文件并导入 Unity 内	是否掌握透彻	10			
	标识图和虚拟模型的绑定方法	是否完全了解	3			
游戏场景的搭建（12 分）	AR 的坐标系统	是否完全了解	10			
	Unity 的坐标系统	是否完全了解	2			
操作熟练度（60 分）	Vuforia 图片训练	是否操作熟练	5			
	Vuforia 训练文件下载	是否操作熟练	5			
	Vuforia 训练文件导入到 Unity	是否操作熟练	5			
	创建主跑道	是否操作熟练	15			
	创建障碍物	是否操作熟练	10			
	设置游戏人物	是否操作熟练	10			
	整个场景的显示	是否操作熟练	10			
职业素养（10 分）	态度	是否提前准备，报告是否完整	2			
	独立操作能力	是否能够独立完成，是否善于利用网络资源	4			
	拓展能力	是否能够举一反三	4			
合计			100			

项目4

移动端应用项目：AR酷跑
——障碍物与人物模型的运动

项目导读

在项目 3 的基础上，本项目为各类障碍物赋予移动、自转等功能，也为游戏人物模型添加各种运动动画，从而实现跑、跳、走等动作。

学习目标

- 理解平移、旋转和缩放等操作背后的图形学理论基础。
- 了解 Unity 的每个对象的 Transform 与 Rotation 属性值的数学含义。
- 掌握 Unity 对游戏对象进行平移、旋转等操作的方法。
- 掌握 Unity 对预置有动作动画的游戏对象的动作动画播放控制。

职业素养目标

- 创新思维能力：学生应具备创造性思维和解决问题的能力，能够利用本项目介绍的方法创建出 AR 酷跑游戏中有各类障碍物移动的场景，提升游戏体验。
- 自主学习能力：学生应具备自主学习的能力，能够独立研究和学习相关技术和工具，以不断提升自身技能和知识水平。

职业能力要求

AR 技术应用能力：学生应熟练掌握 AR 技术的相关知识和技能，包括 AR 平台的开发工具、AR 引擎的应用等。

项目重难点

项目内容	工作任务	建议学时	技能点	重难点	重要程度
AR 酷跑——障碍物与人物模型的运动	任务 4.1　障碍物的运动控制	2	障碍物的运动控制	相关图形学知识	★★★☆☆
				Unity 中的运动控制设置	★★★★★

续表

	工作任务	建议学时	技能点	重难点	重要程度
AR 酷跑——障碍物与人物模型的运动	任务 4.2　带有动作动画数据的模型控制	2	动画播放控制指令	播放带有动画数据的模型的方法	★★★★★

任务 4.1　障碍物的运动控制

■ 任务目标

知识目标：理解平移、旋转等简单运动背后的图形学知识。

能力目标：学会如何控制障碍物的运动；学会如何控制有预置动画的模型播放不同动作段的动画。

■ 建议学时

2 学时。

■ 任务要求

透彻理解本任务中的知识点，熟悉操作流程，善于探索和发现，尝试用不同方法来实现任务目标，在实践中培养解决问题的能力。

知识归纳

1. 平移、旋转和缩放的数学表达

在计算机图形学中，平移（Translation）、旋转（Rotation）和缩放（Scaling）是基本的几何变换。在数学上，这些几何变换可以表达为矩阵运算。在具体变换的实现上，三维空间上的几何变换矩阵常用 4×4 矩阵表示，主要有以下几点原因。

（1）通常平移变换可由矩阵加法实现，而旋转、缩放变换由矩阵乘法实现。为了统一形式，且方便实现，将所有变换都改为由矩阵乘法实现，需要用齐次坐标将变换矩阵统一，表示为 4×4 矩阵的形式。

（2）两个矩阵相乘，需要满足前一个矩阵的列数等于后一个矩阵的行数这一要求。一个三维空间中的点是一个三维列向量，表达成齐次坐标时，要在其后加一个数字 1，形成 4×1 的列向量。这样 4×4 的矩阵恰好能与 4×1 的列向量相乘。

不同的三维变换操作所对应的变换矩阵也不一样。

（1）平移。平移操作是将一个物体沿着某个方向移动一定距离。假设点 (x, y, z) 沿着 X、Y 和 Z 方向分别平移 T_x、T_y 和 T_z，平移后的点为 (x', y', z')，则 $x'=x+T_x$，$y'=y+T_y$，$z'=z+T_z$。写成矩阵形式就是

$$\begin{pmatrix} 1 & 0 & 0 & T_x \\ 0 & 1 & 0 & T_y \\ 0 & 0 & 1 & T_z \\ 0 & 0 & 0 & 1 \end{pmatrix} \begin{pmatrix} x \\ y \\ z \\ 1 \end{pmatrix} = \begin{pmatrix} x+T_x \\ y+T_y \\ z+T_z \\ 1 \end{pmatrix}$$

可看出，平移操作只使用到变换矩阵中的第四列。当进行平移操作时，变换矩阵也称为平移矩阵。

（2）旋转。旋转操作是将一个物体绕某个轴（直线）旋转一定角度。当绕 X 轴旋转角度 α 时，其变换式为

$$\begin{pmatrix} 1 & 0 & 0 & 0 \\ 0 & \cos\alpha & -\sin\alpha & 0 \\ 0 & \sin\alpha & \cos\alpha & 0 \\ 0 & 0 & 0 & 1 \end{pmatrix} \begin{pmatrix} x \\ y \\ z \\ 1 \end{pmatrix} = \begin{pmatrix} x \\ y\cos\alpha - z\sin\alpha \\ y\sin\alpha + z\cos\alpha \\ 1 \end{pmatrix}$$

当绕 Y 轴旋转角度 α 时，其变换式为

$$\begin{pmatrix} \cos\alpha & 0 & \sin\alpha & 0 \\ 0 & 1 & 0 & 0 \\ -\sin\alpha & 0 & \cos\alpha & 0 \\ 0 & 0 & 0 & 1 \end{pmatrix} \begin{pmatrix} x \\ y \\ z \\ 1 \end{pmatrix} = \begin{pmatrix} x\cos\alpha + z\sin\alpha \\ y \\ -x\sin\alpha + z\cos\alpha \\ 1 \end{pmatrix}$$

当绕 Z 轴旋转角度 α 时，其变换式为

$$\begin{pmatrix} \cos\alpha & -\sin\alpha & 0 & 0 \\ \sin\alpha & \cos\alpha & 0 & 0 \\ 0 & 0 & 1 & 0 \\ 0 & 0 & 0 & 1 \end{pmatrix} \begin{pmatrix} x \\ y \\ z \\ 1 \end{pmatrix} = \begin{pmatrix} x\cos\alpha - y\sin\alpha \\ x\sin\alpha + y\cos\alpha \\ z \\ 1 \end{pmatrix}$$

由上面看出，绕坐标轴的旋转运算是很简单的。如果绕任意轴旋转，则需要先做平移变换，使旋转轴的一个端点平移至坐标系原点，再做旋转变换，使旋转轴与主坐标轴对齐。这样，绕任意轴的旋转就转化为绕坐标轴的旋转，绕任意轴旋转通常需要多步基本的变换才能实现。

（3）缩放。缩放操作是将物体沿着某个方向按一定比例放大或者缩小。设 S_x、S_y 和 S_z 分别是沿着 X、Y 和 Z 轴的缩放因子，则缩放矩阵为

$$\begin{pmatrix} S_x & 0 & 0 & 0 \\ 0 & S_y & 0 & 0 \\ 0 & 0 & S_z & 0 \\ 0 & 0 & 0 & 1 \end{pmatrix}$$

通常假设缩放因子大于零。当缩放因子大于 1（小于 1）表示进行放大（缩小）操作。如果缩放因子不大于零，请读者思考相应的缩放效果会怎么样。

2. Unity 中 GameObject 的 Transform 属性含义

在 Unity 中，每一个游戏对象（GameObject）都包含一个 Transform 组件，确定游戏

对象在场景中的位置、姿态与大小比例，Transform 组件的各属性含义见表 4-1。Transform
参数的设置界面如图 4-1 所示。

表 4-1　Transform 各属性的含义

属 性 名 称	功 能 说 明
Position	在父坐标系下的 X、Y、Z 坐标值。
Rotation	绕父坐标中的 X、Y、Z 轴的旋转角，单位是度（°）
Scale	沿 X、Y、Z 轴的缩放比例值，默认值为 1。当单击图 4-1 中的链接按钮后，更改 X、Y、Z 中的任一个，其他两个将会按现在的比例值进行缩放

图 4-1　Unity 编辑器中的 Transform 参数

由表 4-1 可知，如果游戏对象在根目录下，那么其 Position 值就是世界坐标系下的坐
标值；否则，其 Position 值只是相对于父坐标系下的坐标值，还需要进行变换后才能得到
其在世界坐标系下的坐标值。

任务实施

本任务主要包含三项内容（见图 4-2）：①单一几何图形障碍物的平移控制；②单一几
何图形的蛇形移动控制；③复合图形自身运动与平移控制。

(a) 单一几何图形平移控制　　　(b) 单一几何图形蛇形控制　　　(c) 复合图形自身运动与平移控制

图 4-2　平移控制类型

步骤 1　单一几何图形障碍物的平移控制。

（1）在场景中创建一个 3D Object，可以是 Cube、Spere、Capsule 等。

（2）在 Project 栏中创建一个 C# Script 并打开，脚本程序如代码 4-1 所示。

【代码 4-1】　控制物体匀速前进。

```
public class ForwardMove : MonoBehaviour
{
    public float forwardSpeed;      //前进速度
    void FixedUpdate()
    {
```

```
    //向物体的 Z 坐标匀速移动
    transform.Translate(new Vector3(0,0,forwardSpeed * Time.deltaTime));
    }
}
```

（3）将写好的脚本直接拖曳挂载在创建的 3D Object 上，然后在物体的脚本组件中设定物体前进速度（forwardSpeed）的数值为 2，如图 4-3 所示。最后运行实现效果如图 4-4 所示。

图 4-3　物体的平移运动脚本组件　　　　　　图 4-4　单一几何图形平移运动

步骤 2　单一几何图形蛇形移动。

（1）在场景中创建一个 3D Object，可以是 Cube、Sphere、Capsule 等。

（2）在 Project 栏中创建一个 C# Script 并打开，脚本程序如代码 4-2 所示。

【代码 4-2】　控制物体蛇形运动。

```
public class SnakeMove : MonoBehaviour
{
    public float rightSpeed;            //右移速度
    public float forwardSpeed;          //前进速度
    public float maxDistance;           //左右移动最大距离
    private bool isMove2Right = true;   //是否向右移动，若是，则向右移动，否则向左
                                          移动
    private float gameObject_X;         //物体最初的 X 轴坐标值

    void Start()
    {
        //最开始获取物体的 X 坐标轴
        gameObject_X = transform.position.x;
    }
    void Fixed Update()
    {
```

```
//物体沿纵向匀速移动
transform.Translate(new Vector3(0,0,forwardSpeed * Time.deltaTime));
if(isMove2Right)
{
    //物体向右移动
    transform.Translate(new Vector3(rightSpeed * Time.deltaTime, 0, 0));
    //如果物体移动距离大于或等于最大距离，那么接下来左移，把右移标识值 isMove2Right
      设为 false
    if(transform.position.x-gameObject_X >= maxDistance)
    {
        isMove2Right = false;
    }
}
else
{
    //当物体在左移，且 x 坐标值小于或等于最大距离的负数，结束左移，开始右移
    transform.Translate(new Vector3(-rightSpeed * Time.deltaTime,0,0));
    //左移结束，右移开始，设置状态为 true
    if(transform.position.x -gameObject_X <= -maxDistance)
    {
        isMove2Right = true;
    }
}
```

（3）将写好的脚本直接拖曳挂载在创建的 3D Object 上，然后在物体的脚本组件中设定物体右移速度（Right Speed）、前进速度（Forward Speed）以及左右移动的最大距离（Max Distance）的数值，如图 4-5 所示。最后运行效果如图 4-6 所示。

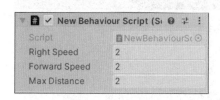

图 4-5　物体上的蛇形运动脚本组件

图 4-6　单一几何图形蛇形运动

步骤 3　复合图形自身运动与平移。

（1）在场景中创建三个 3D Object 和一个 Empty 物体，一大一小的 Cylinder 和一个 Sphere。

（2）将小的 Cylinder 拖到 Sphere 中，再将 Sphere 拖到大的 Cylinder 中形成父子关系。

（3）在 Project 栏中创建一个 C# Script 并打开，脚本程序如代码 4-3 所示。

【代码 4-3】 子物体绕轴旋转运动。

```
public class RotationAndMove:MonoBehaviour
{
    public GameObject center;                    //旋转中心
    public GameObject rotationObject;            //旋转物体
    public float rotationSpeed;                  //旋转速度
    public float forwardSpeed;                   //前进速度
    void Update()
    {
        //物体以圆柱体的中心的坐标 y 轴作为旋转轴进行匀速旋转
        rotationObject.transform.RotateAround(center.transform.position, Vector3.up, Time.deltaTime * rotationSpeed);
        //以旋转中心作为父物体，父物体运动就能带动子物体运动
        center.transform.Translate(new Vector3(0, 0, forwardSpeed * Time.deltaTime));
    }
}
```

（4）将脚本挂载到 Empty 物体上，作为父物体的 Cylinder 拖到脚本组件的 Center 处，作为子物体的 Sphere 拖到 Rotation Object 处，设置旋转速度（Rotation Speed）和前进速度（Forward Speed）数值如图 4-7 所示。最后运行实现效果如图 4-8 所示。

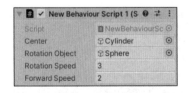

图 4-7 复合体自身运动脚本组件的设定

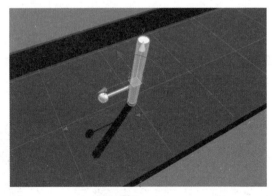

图 4-8 复合图形自身运动和平移

任务 4.2 带有动画数据的模型控制

■ 任务目标

知识目标：了解带动画帧数据的三维模型的原理。

能力目标：掌握如何制作三维模型的动画帧；掌握操作 Unity 控制三维模型的方法，使模型能够根据用户的输入做出相应的动作反应。

■ 建议学时

2 学时。

■ 任务要求

能够熟练操作 Unity 控制模型的方法，根据用户的输入做出相应的动作反应。

知识归纳

在三维场景中，常使用动画效果，为此，需要将动画效果以一定的数据形式存储在模型文件中，并在运行时根据动画数据来实现动画的播放。

一般来说，带动画数据的三维模型由两部分组成：模型本身和动画数据。模型本身是由一组三维网格构成的，三维网格通常由一组三角形面片构成，包含每个面片的顶点坐标、法向量和纹理坐标等信息，描述模型的几何形状和纹理特征。动画数据包括动画剪辑和关键帧信息。动画剪辑是指模型的一个动画片段，如走路、跳跃、攻击等，每个动画剪辑可以包含多个关键帧，关键帧是指某个时间点上模型的一种姿态，例如某个动作的起始姿态、中间姿态和结束姿态等。

在运行过程中，当需要播放某个动画效果时，程序会读取模型文件中的动画数据，根据时间参数计算出当前动画剪辑播放到的时间点，然后根据时间点找到对应的关键帧数据。对于两个关键帧之间的时间段，程序会利用插值算法（如线性插值、样条插值等）计算出每个时间点上模型的姿态。在播放过程中，程序会不断更新模型的姿态，并将其渲染到屏幕上。

需要注意的是，带动画数据的三维模型制作需要提前准备好动画剪辑和关键帧信息，并将其存储在模型文件中。因此，在实现带动画数据的三维模型时，需要使用相应的三维建模工具和动画编辑软件来制作模型和动画。另外，由于动画数据量较大，因此需要优化动画数据的存储和加载方式，以提高程序的运行效率。

任务实施

步骤 1 制作有动画数据的三维模型。

动画数据一般是用专业的动画制作软件制作而成。根据动画的类型和风格，不同的软件有不同的优势和功能。常用的三维动画制作软件有 Maya、3ds Max、Cinema 4D、ZBrush 和 Blender 等，常用的二维动画制作软件有 Adobe Animate、Opentoonz 和 Krita 等。以 3ds Max 为例制作骨骼动画，其整体流程如图 4-9 所示。

（1）创建一个模型，并将模型移动到原点位置。

（2）新建一个 Biped 骨骼，将其贴合人物模型，如图 4-10 所示。

图 4-9　骨骼动画制作的整体流程

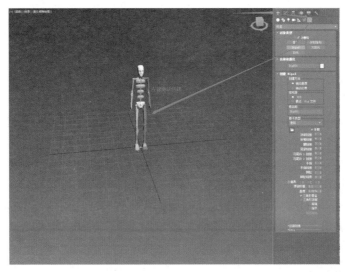

图 4-10　3ds Max 创建骨骼

（3）先确定模型盆骨的位置，再移动其他骨骼到模型的相应位置，并进行缩放或者旋转操作，如图 4-11 所示。

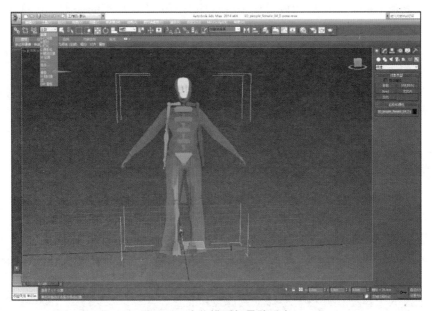

图 4-11　人物模型与骨骼重合

（4）在头发和人体模型的修改器列表里选择蒙皮，分别把控制它们的骨骼添加到骨骼列表中，如图 4-12 所示。再逐个单击每个骨骼，修改它控制的顶点权重，并最终使模型做任意动作时达到理想效果。

图 4-12　添加需要蒙皮的骨骼

（5）锁定躯干水平、垂直和旋转，同时锁定关键点。改变骨骼的位置，记录骨骼的轨迹。

（6）导出 FBX 文件到 Unity 中。

步骤 2　通过 Unity 控制带有动画数据的三维模型做出不同的动作反应。

（1）创建一个 Unity 工程，导入带动画文件的模型。模型可以从 Mixamo 网站免费获取，搜索不同的状态（如 run、jump、idle 等），然后下载。

（2）下载的不是纯粹的动画文件，而是一个 FBX 文件，包含了模型本身。每个模型包含一种动作，所以还需要提取。下载后，先把 FBX 文件导入 Unity 中，然后把 Animation Type 改为 Humanoid，如图 4-13 所示。这样，动画类型也能保证是以人体的标准形式展现。

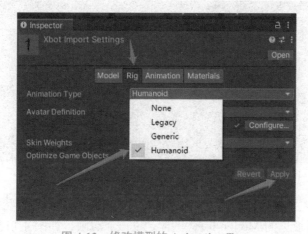

图 4-13　修改模型的 Animation Type

（3）选中模型，单击打开模型文件，找到动画文件。然后按 Ctrl+D 组合键，就可以把动画提取出来。同级文件夹下多了一个名为 mixamo 的文件，如图 4-14 所示。

图 4-14　提取动画文件

（4）在 Project 面板中创建 Animator Controller（动画状态机），如图 4-15 所示。双击后进入动画编辑面板，如图 4-16 所示。

图 4-15　创建动画状态机

图 4-16　动画编辑面板

（5）在操作区右击，依次执行 Create State → Empty 命令，新增状态（如 run）。选择 run，在 Inspector 面板里的 Motion 标签里绑定好一个动画，如图 4-17 所示。同理建立好 jump 和 idle 状态。

图 4-17 状态机绑定动画

（6）将各个状态执行顺序进行连线，如图 4-18 所示。然后创建触发条件，如图 4-19 所示。最后单击连线，在 Inspector 面板中添加触发条件，如图 4-20 所示。

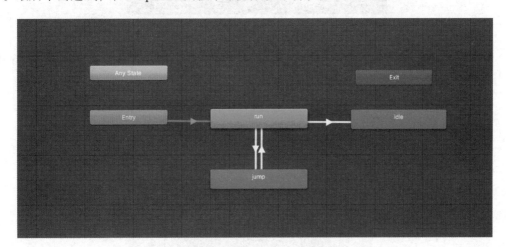

图 4-18 动画状态机的连线

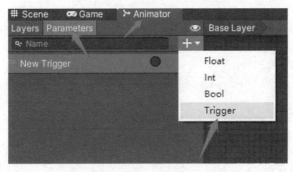

图 4-19 创建触发条件

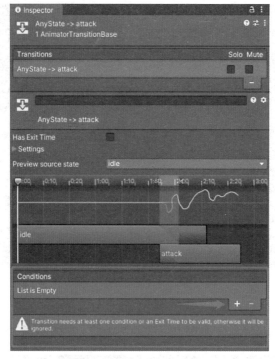

图 4-20 添加触发条件

（7）给模型对象添加一个 Animotor 组件。Controller 框内选择写好的动画状态机，如图 4-21 所示。

图 4-21 添加模型动画组件

（8）最后在人物模型上挂载脚本，实现运行效果。脚本如代码 4-4 所示。

【代码 4-4】 控制人物动画。

```
public class Control_Player:MonoBehaviour
{
    private Animator m_Anim;       //动画组件
    void Start()
    {
        //获得主角身上的 Animator 组件
```

```
        m_Anim = GetComponent<Animator>();
    }
    void Update()
    {
        //按下 W 切换跳状态
        if (Input.GetKeyDown(KeyCode.W))
        {
            m_Anim.SetBool("jump", true);
        }
    }
}
```

◆ 能 力 自 测 ◆

1. 一个物体需要先绕 X 轴旋转 30°，然后再沿着 Y 轴移动 30 个单位，请写出相应的变换矩阵并写出具体的计算过程。

_____

_____

_____

2. 观察上面的复合运动计算出来的矩阵，开始的 3×3 矩阵代表的是什么？最后一列代表的又是什么？

_____

_____

_____

3. 尝试设计更多不同类别的障碍物，并给予它们不同的运动过程。

_____

_____

_____

4. 尝试建立自己的游戏角色并赋予该角色不同的动作动画。

_____

_____

_____

◆ 学 习 评 价 ◆

组员姓名		项目小组名称				
评价栏目	任务详情	评价要素	分值	评价主体		
				学生自评	小组互评	教师点评
理解平移、旋转等简单运动背后的图形学知识（25分）	平移的数学描述	是否完全理解	10			
	旋转的数学描述	是否完全理解	10			
	Unity 中 GameObject 的 Transform 属性	是否完全理解	5			
理解带动画数据的三维模型（10分）	带动画数据的三维模型的定义与描述	是否完全理解	10			
操作熟练度（55分）	单一几何图形障碍物的平移控制	是否操作熟练	5			
	单一几何图形蛇形移动	是否操作熟练	10			
	复合图形自身运动与平移	是否操作熟练	10			
	三维模型骨骼绑定	是否操作熟练	10			
	Unity 控制带有动画数据的三维模型	是否操作熟练	10			
	在三维模型上挂载脚本	是否操作熟练	10			
职业素养（10分）	态度	是否提前准备，报告是否完整	2			
	独立操作能力	是否能够独立完成，是否善于利用网络资源	4			
	拓展能力	是否能够举一反三	4			
合计			100			

项目5

移动端应用项目：AR酷跑——交互控制

项目导读

本项目将进一步设计和实现人机交互界面，包括触摸屏的交互和虚拟按钮的交互等，为玩家提供更便捷、直观的操作方式。在完成本项目后，读者将会掌握使用 Vuforia 来设计和实现一个完整的 AR 游戏，并且能够进一步扩展和创新。此外，本项目还将帮助读者提高对游戏开发和交互设计的理解能力，为日后从事相关领域的工作打下坚实的基础。

学习目标

- 了解移动端人机交互方式的种类与应用场景。
- 掌握 Unity 中 GUI 的创建方法并能制作人机交互界面中的按钮以及信息提示框的方法。
- 掌握利用 Vuforia 制作虚拟按钮并进行人机交互的方法。
- 掌握编写计分逻辑代码的思路。

职业素养目标

- 创新思维能力：学生应具备创造性思维和解决问题的能力，能够利用本项目介绍的方法实现 AR 酷跑游戏的人机交互控制，提升游戏体验。
- 自主学习能力：学生应具备自主学习的能力，能够独立使用 C# 开发游戏的逻辑（如计分逻辑、历史分数的查看等），从而不断提升自身技能和知识水平。

职业能力要求

AR 技术应用能力：能够独立完成一个完整的 AR 程序，包括人机交互等方面的内容。

项目重难点

项目内容	工作任务	建议学时	技能点	重难点	重要程度
AR 酷跑——交互控制	任务 5.1　移动端界面的设计与实现	2	GUI 常用控件的添加与使用	GUI 常用控件	★★★★★
	任务 5.2　倒计时逻辑及计分逻辑	2	动画播放控制指令	播放动作动画的方法	★★★★★
	任务 5.3　虚拟按钮的实现	2	添加虚拟按钮的方法	虚拟按钮的实现方法	★★★★★

任务 5.1　移动端界面的设计与实现

■ 任务目标

知识目标：了解移动端界面的设计规范。

能力目标：学会如何添加移动端界面；学会如何实现按钮交互与手势交互。

■ 建议学时

2 学时。

■ 任务要求

透彻理解本任务中的知识点，熟悉图形用户界面（Graphical User Interface, GUI）人机交互界面的设计与实现，善于探索和发现，尝试用不同方法实现 GUI 人机交互界面，如使用图片代替按钮等，在实践中培养解决问题的能力。

知识归纳

手机 AR 应用的界面设计需要考虑以下几个方面。

（1）保持简洁：AR 应用需要在实时场景中显示虚拟内容，因此应用界面的设计应该简洁明了，不要过度装饰和复杂化。保持界面简单有助于提高应用的可用性和易用性。

（2）设计易于识别的图标和按钮：AR 应用中的图标和按钮应该易于识别和操作。图标和按钮的颜色、形状、大小和位置等要能够与周围环境区分开，以便用户快速识别和操作。

（3）使用合适的字体和字号：字体和字号的选择应该考虑可读性和可理解性。AR 应用中，用户往往需要在动态场景中阅读文字，因此应该选择易于辨认、阅读的字体和合适的字号。

（4）设计交互方式：AR 应用中的交互方式应该考虑用户的使用场景和行为特征。例如，手势交互和声音交互在某些场景中比触摸交互更加适合。应该根据应用的具体情况选择合适的交互方式。

（5）设计响应速度：AR 应用需要实时响应用户的操作和场景变化，因此应用界面设计应充分考虑其响应速度。界面中的图像和动画应该尽可能简化和优化，以保证应用流畅运行。

（6）设计可访问性：AR 应用应该考虑所有用户的需求，包括有视力障碍或听力障碍的用户。设计应该遵循无障碍设计的原则，如提供语音引导或文字说明等。

（7）统一界面风格：AR 应用界面的设计风格应该统一，以提高用户的可用性和易用性。颜色、字体和按钮等设计元素应该在应用的整个界面中保持一致。

总之，手机 AR 应用界面的设计需要考虑用户的使用场景和行为特征，做到简洁明了，易于操作和识别，响应速度快，并且具有无障碍访问性。界面的设计风格应该统一，颜色、字体和按钮等元素应该协调搭配，以提高用户的使用体验。

任务实施

本任务引导读者学习图形用户界面（GUI）的设计方法，具体包括功能按钮、消息提示框等，如图 5-1 所示。具体内容是设计一个游戏人物单独展示界面，允许用户通过手势实现对该游戏人物的旋转、缩放操作。详细实现过程如下。

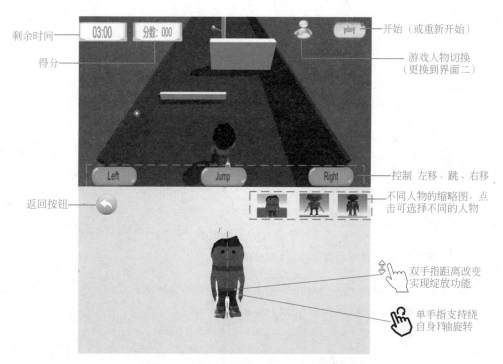

图 5-1　AR 酷跑游戏人机交互界面的设计

步骤 1　创建两个场景，分别为游戏场景和人物选择场景。

步骤 2　在游戏场景中创建 Canvas，然后在 Canvas 中创建两个 Button 按钮。

步骤 3　单击图片素材，将图片的 Texture Type 调整为 Sprite（2D and UI）形式，如图 5-2 所示。将图片拖曳到 Button 中的 Source Image 框内，然后调整大小和位置，如图 5-3 所示。

图 5-2 图片素材设定

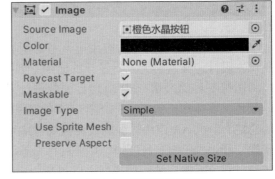

图 5-3 按钮图片选择

步骤 4 在 Canvas 中创建两个 Image，再在 Image 里面添加一个子物体 Text。将图片素材拖到 Image 的 Source Image 框内，然后调整大小和位置。创建一个空物体和游戏场景 UI 控制脚本。游戏场景的 UI 控制脚本如代码 5-1 所示。

【代码 5-1】 实现 UI 控制。

```
public class UI : MonoBehaviour
{
    public Button characterChangButton;     //人物切换
    public Button startButton;              //开始
    public Text time;                       //时间
    public Text num;                        //得分
    private Control_Player player;
    void Start()
    {
        player = GameObject.Find("Player").GetComponent<Control_Player>();
        startButton.onClick.AddListener(start);
        characterChangButton.onClick.AddListener(start);
    }
    void Update()
    {
        //调用人物操作脚本的得分机制并赋给得分文本
        num.text = player.Score.ToString();
        //调用人物操作脚本的时间机制并赋给时间文本
        time.text = player.gamestart.ToString();
    }
    public void start()
    {
        //场景开始或重新开始
        SceneManager.LoadScene(0);
    }
    public void characterChang()
    {
```

```
//载入人物选择场景
SceneManager.LoadScene("CharacterScene");
    }
}
```

脚本写好后挂载在空物体上，然后将 Button、Text 以及人物模型拖到脚本组件相应的框内。最后运行效果如图 5-4 所示。

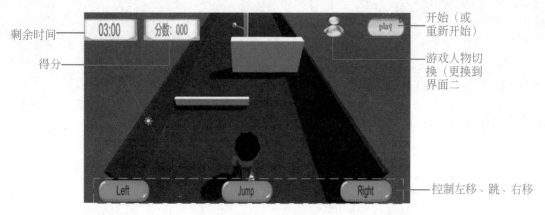

图 5-4　运行效果

步骤 5　在人物选择场景中创建 Canvas，然后在 Canvas 中创建四个 Button 按钮：三个人物切换按钮和一个返回按钮。人物选择按钮添加不同的人物缩略图并摆好位置，然后编写人物选择 UI 的控制脚本，挂载到此场景的空物体上，将脚本的成员变量填写完整。人物选择场景的 UI 脚本如代码 5.2 所示。

【代码 5-2】　实现人物选择场景的 UI。

```
public class UI : MonoBehaviour
{
    public GameObject[] characters;      //人物模型组
    public Button returnButton;          //返回按钮
    public Button character1;            //人物 1 选择按钮
    public Button character2;            //人物 2 选择按钮
    public Button character3;            //人物 3 选择按钮
    void Start()
    {
        returnButton.onClick.AddListener(feedBack);
        character1.onClick.AddListener(Character1);
        character2.onClick.AddListener(Character2);
        character3.onClick.AddListener(Character3);
    }
    private void feedBack()
    {
        //加载游戏场景
```

```
        SceneManager.LoadScene("GameScene");
    }
    private void Character1()
    {
        //激活人物 1 的模型
        characters[0].SetActive(true);
        characters[1].SetActive(false);
        characters[2].SetActive(false);
    }
    private void Character2()
    {
        //激活人物 2 的模型
        characters[0].SetActive(false);
        characters[1].SetActive(true);
        characters[2].SetActive(false);
    }
    private void Character3()
    {
        //激活人物 3 的模型
        characters[0].SetActive(false);
        characters[1].SetActive(false);
        characters[2].SetActive(true);
    }
}
```

步骤 6　人物选择场景还需要利用手势来控制人物的放大、缩小和旋转，实现的原理是改变场景中 Camera 的位姿，通过手势让 Camera 拉近、拉远以及旋转。因此需要 Camera 正对选择界面的 UI，并且 UI 跟随 Camera 移动旋转，根据需求编写控制 Camera 的脚本，脚本如代码 5-3 所示。

【代码 5-3】实现 Camera 控制。

```
public class CameraController : MonoBehaviour
{
    //双指的坐标
    private Vector2 oldPos1;
    private Vector2 oldPos2;
    //初始位置
    private Vector3 orgPos;
     //初始旋转
    private Quaternion orgRot;
    void Start()
    {
        //camera = Camera.main.transform;
        orgPos = transform.position;
        orgRot = transform.rotation;
```

```
    }
    void Update()
    {
        if(Input.touchCount <= 0)
        {
            return;
        }
        //双指触摸旋转和拉远近
        else if(Input.touchCount == 2)     //如果有两个手指触摸屏幕
        {
            if(Input.GetTouch(0).phase == TouchPhase.Moved ||
                Input.GetTouch(1).phase == TouchPhase.Moved)        //判断手指是否发生移动
            {
                //获取两个手指触碰的位置
                Vector2 newPos1 = Input.GetTouch(0).position;
                Vector2 newPos2 = Input.GetTouch(1).position;
                //如果两只手指的距离在移动前后变化小，则旋转
                if(Mathf.Abs(Vector2.Distance(oldPos1, oldPos2) -
                        Vector2.Distance(newPos1, newPos2)) < 3)
                {
                    Vector2 deltaPos = Input.GetTouch(0).deltaPosition;
                    transform.Rotate(Vector3.down * deltaPos.x * 0.05f,
                            Space.Self);                      //绕 y 轴旋转
                }
                //拉远近
                else
                {
                    //拉远
                    if (Vector2.Distance(oldPos1, oldPos2) >
                        Vector2.Distance(newPos1, newPos2))
                    {
                        transform.Translate(Vector3.back * 0.08f, Space.Self);
                    }
                    //拉近
                    else
                    {
                        transform.Translate(Vector3.forward * 0.08f, Space.Self);
                    }
                }
                //更新下一时刻的手指的坐标
                oldPos1 = newPos1;
                oldPos2 = newPos2;
            }
        }
    }
}
```

步骤 7　将 Camera 控制脚本挂载到人物选择场景的 Camera 上。人物选择场景运行后的实现效果如图 5-5 所示。

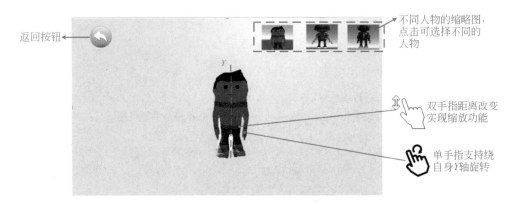

图 5-5　人物选择场景运行后的实现效果

任务 5.2　倒计时逻辑及计分逻辑

■ 任务目标

知识目标：掌握 C# 的语法知识，能够自主设立全局变量；了解 Unity 的生命周期。

能力目标：熟练掌握 C# 语言，并能开发出倒计时逻辑与计分逻辑。

■ 建议学时

2 学时。

■ 任务要求

深刻理解本任务中的知识点，了解 Unity 的运行机制，能够熟练使用 C# 开发对应的倒计时逻辑与计分逻辑。

知识归纳

Unity 游戏引擎中的核心机制是游戏循环。该循环会持续执行以下步骤：接收用户输入、更新游戏状态和渲染场景。在每个游戏循环中，Unity 会通过调用回调函数（如 Start、Update、FixedUpdate、LateUpdate 等）来更新游戏状态和响应用户操作，如图 5-6 所示。

唤醒（Awake）：在游戏物体实例化后并处于激活状态时调用 Awake 函数，而且总是在 Start 函数之前调用。

启动（Start）：在游戏对象被激活后执行一次回调函数 Start，进行一些初始化操作，例如变量初始化、资源加载等。

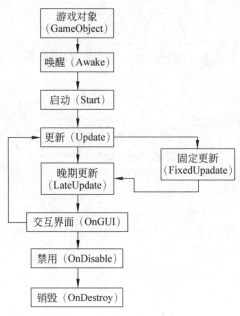

图 5-6 Unity 的生命周期

更新（Update）：更新函数 Update 会在每帧结束时调用，对游戏状态进行更新，例如移动游戏对象、检测用户输入和播放动画等。

固定更新（FixedUpdate）：回调函数 FixedUpdate 用于在固定时间间隔内更新需要进行物理模拟的游戏对象。需要注意的是，FixedUpdate 函数的调用频率是由物理引擎控制的，而不是由游戏帧率控制。一个 Unity 运行周期内可以调用多次 FixedUpdate 函数。

晚期更新（LateUpdate)：用于在每一帧渲染结束后更新游戏对象的状态，执行顺序晚于 Update 函数。在 LateUpdate 函数中更新相机的位置和朝向，可以保证相机始终处于正确的位置和朝向，因而通常建议将相机跟随等操作放在 LateUpdate 函数中以解决相机抖动等问题。

交互界面（OnGUI）：在每一帧被调用，用于渲染 Unity 的用户界面。在此函数中，可以使用 Unity 的 GUI 类来创建按钮、文本标签和文本框等用户交互元素，并且可以通过 GUI 类的方法来处理用户的输入事件。在性能要求比较高的情况下，不推荐使用 OnGUI 函数，因为它可能降低运行效率。

禁用（OnDisable）：在游戏对象被禁用时调用，可以进行一些清理工作，例如停止协程、取消注册事件等操作。当游戏对象被禁用时，其所有子对象也会被禁用，因此在 OnDisable 函数中不需要显式地禁用子对象。

注意：禁用游戏对象并不会导致它被销毁，游戏对象仍然存在于场景中，只是暂时不能进行交互。

销毁（OnDestroy）：在游戏对象被销毁之前调用，可以进行一些资源的释放、事件的解绑等操作，以确保游戏对象被正确地销毁，避免内存泄漏的发生。需要注意的是，如果游戏对象被销毁，那么该对象的所有子对象也会被销毁，因此在 OnDestroy 函数中不需要显式地销毁子对象。

任务实施

本任务分成以下两个子任务：倒计时逻辑和计分逻辑的实现。

1. 倒计时的实现

步骤1　在脚本中定义两个变量：显示时间的文本和总时间，如代码5-4所示。

【代码5-4】　全局变量的定义。

```
public Text txtTimer;      //显示时间的文本
public float second;       //总时间
```

步骤2　在Update函数里判断总时间是否为0，如果不为0，就对总时间进行持续减1s的操作，然后再判断总时间是否小于1min。具体实现如代码5-5所示。

【代码5-5】　倒计时判断逻辑。

```
void Update()
{
    if(second > 0)
    {
        //总时间减1s

        second = second -Time.deltaTime;
        if(second / 60 < 1)
        {
            //总时间小于1min，时间按00：60显示
            txtTimer.text = string.Format("00:{0:d2}", (int)second % 60);
        }
        else
        {
        //总时间大于1min，时间按01：00显示
          txtTimer.text = string.Format("{0:d2}:{1:d2}", (int)second / 60,
                    (int)second % 60);
        }
    }
    else
    {
        txtTimer.text = "00:00";
    }
}
```

步骤3　把剩余时间脚本挂载在空物体上，设定显示时间的文本和总时间，如图5-7所示。

2. 计分的实现

步骤1　当游戏运行后，每过一段时间，如果游戏人物未与障碍物发生碰撞，就会增加10分。先定义分数Score和时间变量time，如代码5-6所示。

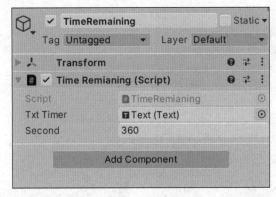

图 5-7 剩余时间脚本属性

【代码 5-6】 分数与时间变量的定义与初始化。

```
int Score=0;                //分数
float time = 0;             //时间
void Update()
{
    //时间积累
    time += Time.deltaTime;
    //假设当时间积累的数值大于 3 后，分数加 10，时间归零
    if (time > 3)
    {
        Score += 10;
        time = 0;
    }
}
```

步骤2 人物模型和障碍物都需要带有 Collider 组件并且其中一方要有 Rigidbody 组件，再对人物模型 Collider 组件的 Is Trigger 进行勾选，如图 5-8 和图 5-9 所示。如果人物模型与障碍物发生接触，则分数减去 20，如代码 5-7 所示。

【代码 5-7】 人物与障碍物碰撞后的设置。

```
//物体之间发生接触的检测函数
void OnTriggerEnter(Collider other)
{
    //主角如果碰撞到障碍物
    if(other.gameObject.name == "Obstacle1.1" ||
        other.gameObject.name == "Obstacle1.2"||
        other.gameObject.name == "Obstacle1.3" ||
        other.gameObject.name == "Obstacle1.4")
    {
        Score -= 20;
    }
}
```

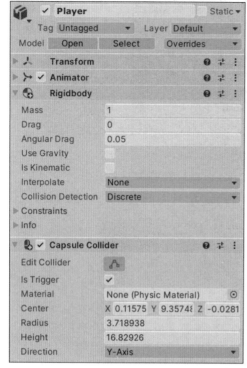

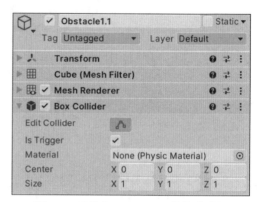

图 5-8　带有 Rigidbody 和 Collider 组件的人物模型　　图 5-9　只带有 Collider 组件的障碍物

步骤 3　实现游戏结束功能，游戏结束条件是分数小于 0 或剩余时间为 0。首先在游戏场景的 UI 中创建写有"游戏结束"的文本，再创建脚本，调用总时间、剩余时间和分数，如代码 5-8 所示。

【代码 5-8】　实现游戏结束。

```
public class UI:MonoBehaviour
{
    private Control_Player player;
    private Time time;
    public GameObject gameEnd;
    void Start()
    {
        //获取人物模型和计算时间上的脚本
        player = GameObject.Find("Player").GetComponent<Control_Player>();
        time = GameObject.Find("TimeRemaining").GetComponent<TimeRemaining>();
    }
    void Update()
    {
        //结束的条件是分数小于 0 或剩余时间为 0
        if (player.Score< 0 || time.TimeLeft==0)
        {
            //达到条件"游戏结束"提示框出现，并且场景重新开始
```

```
            gameEnd.SetActive(true);
            SceneManager.LoadScene(0);
        }
    }
}
```

步骤 4　将脚本挂载在空物体上。

任务 5.3 　虚拟按钮的实现

■ 任务目标

知识目标：了解基于计算机视觉的交互方法。

能力目标：学会如何通过 Vuforia 添加虚拟按钮并添加对应的响应事件。

■ 建议学时

2 学时。

■ 任务要求

透彻理解本任务中的知识点，能够熟练通过在虚拟环境上添加虚拟按钮并设置响应事件。熟练掌握 Unity 中的代码开发。

知识归纳

基于计算机视觉的交互方法，如手势识别、面部表情识别和动作捕捉等，可以实现更加自然、直观和人性化的人机交互方式，提高用户体验和交互效率，已经在实际中获得广泛的应用。

基本原理是采用计算机视觉算法对图像或视频进行分析和处理，实现对用户行为的识别和响应，主要包括以下几个步骤。

（1）数据采集：通过摄像机或其他传感器采集用户的行为数据，例如图像、视频和深度图等。

（2）特征提取：对采集到的数据进行特征提取，提取出有意义的特征信息。常用的特征包括颜色、形状、纹理和运动等。

（3）行为识别：通过分类算法对特征信息进行处理，识别出用户的行为。常用的分类算法包括支持向量机、神经网络和决策树等。

（4）交互响应：根据识别结果，实现对用户行为的响应，如改变屏幕内容、发出声音提示和控制机器人动作等。

需要注意的是，基于计算机视觉的交互方法仍然面临着一些挑战，如光照条件、噪声干扰和不同用户的个体差异等。因此，在实际应用中需要根据具体情况选择合适的算法和技术，以实现稳定、准确和高效的交互效果。

任务实施

在识别图上设置虚拟按钮，通过按钮的按下和抬起来实现正方体的展现与隐藏。

步骤 1　设置场景。

将识别图导入场景中，并在 Hierarchy 面板中的识别图下创建一个 Cube，适当调整位置、角度和大小，如图 5-10 所示。

图 5-10　场景设置示意

步骤 2　添加虚拟按钮。

在识别图的 Inspector 面板中，单击 Add Virtual Button 按钮，添加虚拟按钮到场景中，如图 5-11 所示。虚拟按钮在场景中呈现为蓝色正方形，如图 5-12 所示。

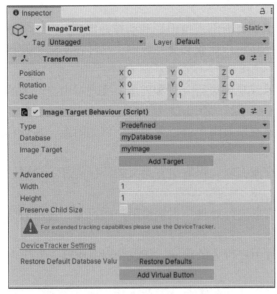

图 5-11　添加虚拟按钮

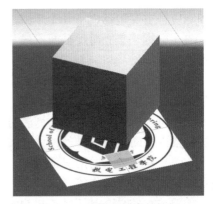

图 5-12　场景中的虚拟按钮

步骤 3　编写虚拟按钮控制脚本。

创建虚拟按钮控制脚本，如代码 5-9 所示，并挂载到 ImageTarget 上。

【代码 5-9】　实现虚拟按钮控制。

```csharp
using System.Collections;
using System.Collections.Generic;
using UnityEngine;
using Vuforia;
public class virtualButtonControl: MonoBehaviour,IVirtualButtonEventHandler
{
    public GameObject cube;
    private VirtualButtonBehaviour button;
    void Start()
    {
        //设置 Cube 初始活跃状态
        cube.SetActive(true);
        //获取按钮组件，注册按钮
        button = GetComponentInChildren<VirtualButtonBehaviour>();
        button.RegisterEventHandler(this);
    }
    public void OnButtonPressed(VirtualButtonBehaviour vb)
    {
    cube.SetActive(false);          //按下按钮关闭 cube
    }
    public void OnButtonReleased(VirtualButtonBehaviour vb)
    {
        cube.SetActive(true);          //松开按钮打开 Cube
    }
}
```

步骤 4　在脚本组件上添加游戏物体。

将 Cube 游戏物体拖曳到 ImageTarget 下的 Virtual Button Control 脚本中，如图 5-13 所示。

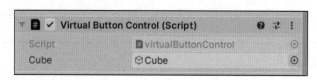

图 5-13　在脚本中补充游戏物体

步骤 5　效果展示。

如果没有按下虚拟按钮，则 Cube 正常显示；如果按下虚拟按钮对应位置，则 Cube 消失；而按下其他无虚拟按钮的位置，Cube 同样正常显示。效果如图 5-14 所示。

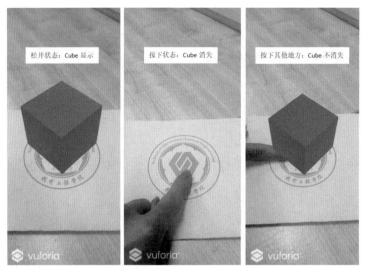

图 5-14　虚拟按钮效果展示

◆ 能 力 自 测 ◆

1. 尝试添加更多不同功能的交互按钮，如截图按钮等。

_____

_____

_____

2. 尝试添加更多的游戏规则以提高游戏的趣味性，如添加升级规则、连续多少次没有被撞就提高速度等。

_____

_____

_____

3. 设计左右移动的虚拟按钮并将其加入 AR 酷跑场景中，通过虚拟按钮实现对游戏人物的控制。

_____

_____

_____

◆ 学 习 评 价 ◆

组员姓名		项目小组名称				
评价栏目	任务详情	评价要素	分值	评价主体		
				学生自评	小组互评	教师点评
基本理论 （30 分）	了解 AR 移动端界面的设计规范	是否完全了解	10			
	了解 Unity 生命周期	是否完全了解	10			
	了解基于计算机视觉的人机交互方法	是否完全了解	10			
操作熟练度 （60 分）	UI 界面的绘制与实现	是否操作熟练	20			
	倒计时的实现	是否操作熟练	20			
	虚拟按钮的实现	是否操作熟练	20			
职业素养 （10 分）	态度	是否提前准备，报告是否完整	2			
	独立操作能力	是否能够独立完成，是否善于利用网络资源	4			
	拓展能力	是否能够举一反三	4			
合计			100			

项目6

头戴式显示器应用项目：机械部件拆卸导引

📠 项目导读

　　头戴式显示器（Head Mounted Display, HMD，简称头显）是重要的近眼显示设备。随着新型光学模组方案、微显示器和感知交互技术不断进步，AR头显应用逐渐获得推广。AR头显分为光学穿透式（Optical See-through）和视频穿透式（Video See-through）两种类型。光学穿透式系统具有简单、分辨率高和没有视觉偏差等优点，微软公司的HoloLens是这类AR头显的典型代表。

　　本项目采用第二代HoloLens头显设备HoloLens 2，开发一个AR虚拟部件拆卸导引应用系统。引导学生掌握HoloLens的实时手动追踪和眼动追踪交互功能的应用方法。

🖊 学习目标

- 熟悉HoloLens 2的技术特点和功能，掌握开发工具包MRTK的配置方法。
- 熟练应用Unity和MRTK实现快速的AR应用开发。
- 完成一个AR机械部件拆卸导航系统开发，掌握UI定制、手动交互与目视交互功能的实现方法。

🎓 职业素养目标

- 培养学生探索新知识、新技能，并具备实际开发应用转化的能力。
- 利用所学专业知识并发挥创造性，通过增强现实技术更好地服务社会、创造效益。

✒ 职业能力要求

- 具有清晰的项目制作思路。
- 掌握资源查找的能力，学会利用工具平台提供的功能实现具体需求。
- 理论知识与实际项目需求相结合，善于探索和发现，在实践中培养解决问题的能力。

项目重难点

项目内容	工作任务	建议学时	技能点	重难点	重要程度
AR 头戴式显示器应用项目：机械部件拆卸导引	任务 6.1　开发工具包 MRTK 的配置与使用	2	MRTK 的配置与使用	HoloLens 2 的技术指标	★★★☆☆
				混合现实开发工具包 MRTK	★★★★★
	任务 6.2　基于 HoloLens 2 头显的 AR 零件拆卸应用	2	UI 定制与交互功能实现	UI 定制	★★★★☆
				目视交互功能	★★★★★

任务 6.1　开发工具包 MRTK 的配置与使用

■ 任务目标

知识目标：了解 HoloLens 2 的组件和主要技术指标，熟悉混合现实工具包 MRTK 的主要功能模块。

能力目标：结合主要知识点的学习和操作实践，掌握 MRTK 的配置与使用方法。

■ 建议学时

2 学时。

■ 任务要求

透彻理解本任务中的知识点，熟悉 MRTK 的配置与使用流程，了解 MRTK 的功能模块组成。能够按照任务实施流程完成各级默认配置文件的克隆与个性化配置，在实践中培养解决问题的思维和能力。对于未充分展示操作细节的步骤，能够善于利用网络资源，探索解决方法。

知识归纳

1. HoloLens 2 的技术指标

HoloLens 2 由显示、传感器模组、感知交互、环境理解、计算处理、存储与通信连接模块组成，其主要技术指标见表 6-1。

表 6-1　HoloLens 2 的组件及主要技术指标

组　件		技术指标
显示	光学	光学穿透式全息透镜（光波导显示模组）
	分辨率	2k 3∶2 光引擎
	全息密度	>2.5k 辐射点（每个弧度的光点）
	基于眼睛位置的呈现	基于眼睛位置的 3D 显示优化

续表

组 件		技 术 指 标
传感器模组	头部追踪	4 台可见光摄像机
	眼动追踪	2 台红外摄像机
	深度传感器	1-MP 飞行时间（ToF）
	惯性传感器（IMU）	加速度计、陀螺仪、磁强计
	相机	8MP 静止图像，1080p 的 30 帧视频
感知交互	手动追踪	双手全关节铰接模型
	眼动追踪	实时追踪
	语音交互	单机命令和控制，自然语言理解
	Windows Hello	虹膜识别功能
环境理解	6DoF 追踪	世界范围的位置追踪
	空间映射	实时环境网格
	混合现实捕获	混合全息图、物理环境照片和视频
计算处理	SoC 芯片	高通骁龙 850 计算平台
	HPU	第二代定制全息处理单元
存储	内存	4-GB LPDDR4x 系统 DRAM
	存储	64-GB UFS 2.1
通信连接	Wi-Fi	Wi-Fi 5（IEEE 802.11ac 2×2）
	蓝牙	5.0
	USB	USB C 型

2. 混合现实工具包 MRTK

为了方便开发 XR（AR/MR/VR）应用程序，微软公司研发了混合现实开源工具包（Mixed Reality ToolKit, MRTK）。MRTK 是一个跨平台、可扩展和模块化的框架，提供一系列组件与功能，支持多种 XR 开发平台和硬件设备（如 HoloLens）。MRTK 还提供模拟器，能够在脱离硬件的环境下进行应用程序开发调试，实现快速原型设计与应用迭代。

MRTK 提供的主要功能模块包括 UI 控件、感知交互接口、MRTK 标准着色器、配置管理等。

（1）UI 控件。提供按钮（Button）、滑块（Slider）、手动菜单（HandMenu）、追踪菜单、对话框（Dialog）、应用栏（AppBar）、指针（Pointer）和滚动对象集合（Scrolling Object Collection）等，如图 6-1 所示。

（2）感知交互接口。提供单手或双手徒手交互（见图 6-2）、眼动跟踪（EyeTracking）、语音输入（SpeechHandler）、边界控件（BoundsControl）、可交互组件（InteractableStates）和工具提示（Tooltips）与空间感知等。

（3）MRTK 标准着色器（见图 6-3）。MRTK 标准着色器用来定义材质、渲染模式与光照等，自动生成最佳着色器代码。与 Unity 标准着色器相比，MRTK 着色器的性能更高。

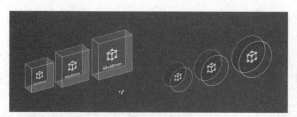

(a) 按钮   (b) 滑块

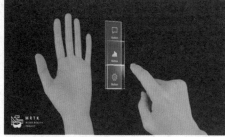

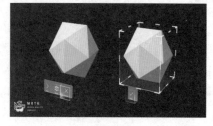

(c) 手动菜单   (d) 追踪菜单

(e) 对话框   (f) 应用栏

图 6-1　MRTK 提供的 UI 控件

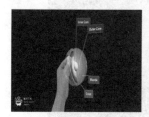

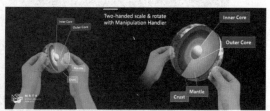

图 6-2　单手、双手徒手交互

图 6-3　MRTK 标准着色器

（4）配置管理。定义 AR 应用可以使用的功能及使用这些功能的方式。MRTK 内置通用的配置文件，以及针对特定硬件平台提供优化的配置文件。同时，允许开发者针对特定的应用开发需求，定制、优化所有的功能特性。

MRTK 通过基础包提供的配置文件完成功能配置。MRTK 子系统和功能的配置信息按层次组织，构成一棵完整的配置文件树。上级的配置文件包含主核心系统的每个子配置文件，定义子系统的行为。子配置文件包含对下一级的其他配置文件对象的引用。MRTK 提供默认的各级配置文件。默认配置文件具有只读性，用户不能直接修改各级默认配置文件，如果需要个性化配置，需在克隆文件上进行。

任务实施

本任务的实施流程如图 6-4 所示。

图 6-4　MRTK 的配置流程

步骤 1　下载、安装混合现实开源工具（Mixed Reality Feature Tool, MRFT）。

MRFT 是 MRTK 的配置工具。使用 MRFT 可以快速地将 MRTK 导入 Unity 工程，支持 MRTK 工具包模块的个性化配置。例如，在任务 6.2 中需配置 UI 元素和目视交互功能。登录微软官方网站，下载 MRFT 可执行文件（MixedRealityFeatureTool.exe）。免安装直接打开 MRFT 软件，可看到 MRFT 的启动界面，如图 6-5 所示。

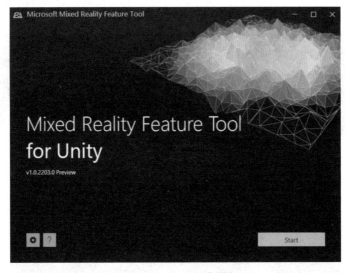

图 6-5　MRFT 启动界面

步骤 2　创建 Unity 工程，设置应用部署平台。

创建 Unity 工程文件 spindle。执行菜单 File → Build Settings 命令，在图 6-6 所示窗口中选择 Universal Windows Platform(UWP)，单击 Switch Platform 按钮切换到 UWP，确保

工程能够部署到 HoloLens 2 上。

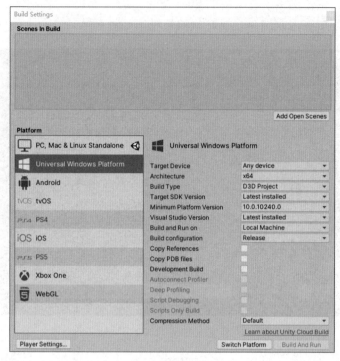

图 6-6　转换部署平台

然后，执行菜单 Edit → Project Settings 命令，进入 Project Settings 页面。选择左边栏的 Player 标签，勾选 XR Settings 下面的 Virtual Reality Supported 复选框，并将 Depth Format 设置为 16-bit depth，如图 6-7 所示。

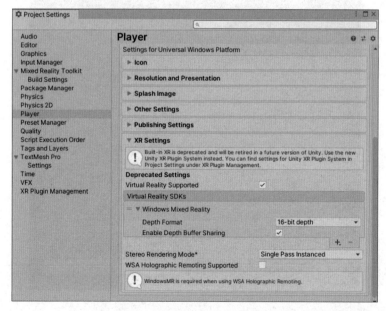

图 6-7　Project settings 界面

步骤 3　使用 MRFT 将 MRTK 导入 Unity 工程。

打开 MRFT，单击图 6-5 右下角的 Start 按钮，进入工程文件选择页（见图 6-8）。在 Project Path 文本框中输入或选择需配置 MRTK 的 Unity 工程文件目录。

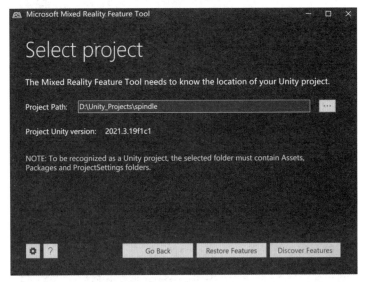

图 6-8　选择需要 MRTK 的 Unity 工程

单击图 6-8 中右下角的 Discover Features 按钮，进入图 6-9 所示的 MRTK 工具包配置界面，即可见 MRTK 工具包模块列表。勾选 Mixed Reality Toolkit Foundation 复选框，添加基础功能模块；勾选 Mixed Reality Toolkit Tools 复选框，添加 UI 控件功能模块。为了和 Unity 2021 适配，推荐 MRTK 版本选择 2.8.3。

图 6-9　MRTK 工具包配置界面

单击图 6-9 中右下角 Get Features 按钮，进入导入功能（Import Features）界面（见图 6-10（a））。然后单击 Import 按钮，进入检查界面（见图 6-10（b）），检视 Manifest 文件中的配置细节，确认无误后单击 Approve 按钮，将 MRTK 导入当前工程。

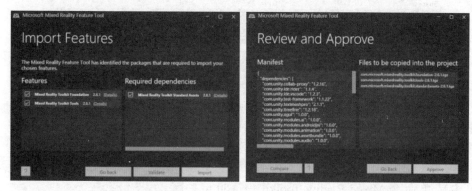

(a) 导入界面   (b) 检查界面

图 6-10　导入与检查界面

将 MRTK 导入 Unity 工程后，打开该工程，MRTK 会自动弹出配置界面（如果没有弹出，可依次单击菜单命令 Mixed Reality Toolkit → Utilities → Configure Unity Project），如图 6-11 所示。单击 Apply 按钮，Unity 工程使用默认的 MRTK 配置，在后续的步骤中，可以修改配置文件实现个性化的配置。

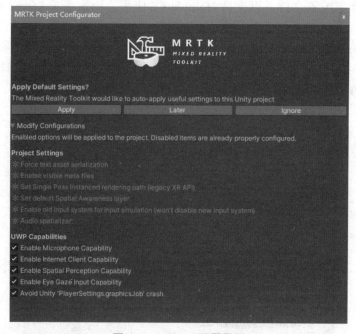

图 6-11　MRTK 配置界面

配置完成后，Unity 软件界面的菜单栏增加了 Mixed Reality Toolkit 菜单，如图 6-12 所示。

增强现实技术与应用

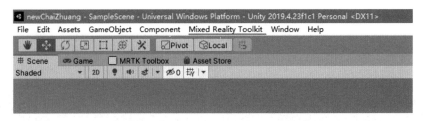

图 6-12　Mixed Reality Toolkit 菜单

步骤 4　将 MRTK 添加到 Unity 工程的场景中。

由于一个Unity工程可以包含多个场景（Scene），
而并非每个场景都需要使用 MRTK 功能，因此，开
发者需要根据场景的需求，手动添加 MRTK 到某个
场景中。

单击菜单命令 Mixed Reality Toolkit → Add to
Scene and Configure，可将 MRTK 加入当前场景，
如图 6-13 所示，MRTK（Mixed Reality Toolkit）出
现在 Hierarchy 面板的 Sample Scene 场景下。

图 6-13　为当前场景添加 MRTK

步骤 5　克隆主配置文件，实现 MRTK 个性化功能配置。

MRTK 提供了默认的各级配置文件。默认配置文件具有只读性，用户不能直接修改，
如果需要个性化配置，需在克隆文件上进行。

首先，克隆主配置文件，以支持 HoloLens 2 应用。单击菜单 Mixed Reality Toolkit，
在图 6-14 所示的 Inspector 面板中，展开并选择 DefaultHoloLens2ConfigurationProfile 选项。
单击图 6-15 中右侧的 Clone 按钮，在弹出的对话框中（见图 6-16）为克隆的主配置文件
命名。单击图 6-16 中左下方的 Clone 按钮，完成主配置文件的克隆。克隆文件会自动存
储到 Unity 工程的目录下，可在 Project 面板中查看（见图 6-17）。

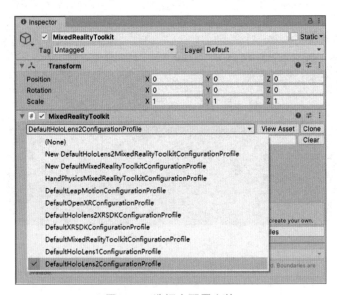

图 6-14　选择主配置文件

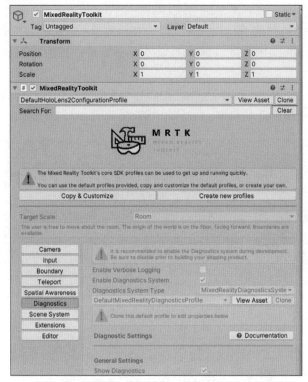

图 6-15 克隆默认的主配置文件

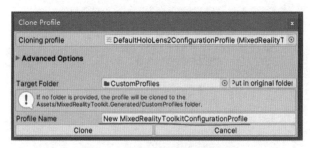

图 6-16 重命名克隆的配置文件

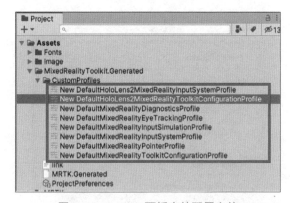

图 6-17 Project 面板中的配置文件

步骤 6　克隆、修改 Input 系统配置文件。

单击图 6-18 中左边栏的 Input 按钮，勾选 Enable Input System 复选框。选择 Default-HoloLens2InputSystemProfile 为默认的输入系统配置文件，按照步骤 5 的方法，克隆输入系统配置文件。

接着单击图 6-19 中的 Pointers 选项，克隆配置文件后，在展开的选项中（见图 6-20），勾选 Is Eye Tracking Enabled 复选框，启动眼球追踪功能。

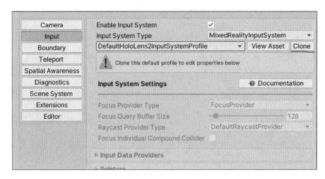

图 6-18　克隆 Input 配置文件

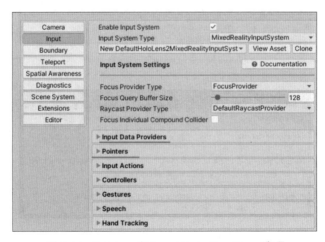

图 6-19　Pointers 和 Input Data Providers 选项

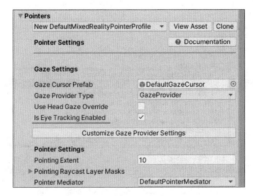

图 6-20　Pointers 配置

单击图 6-19 的 Input Data Providers 选项，克隆配置文件后，在展开选项中单击 Input Simulation Service 选项（见图 6-21），找到下方的 Eye Gaze Simulation，将 Eye Gaze Simulation Mode 设置为 Camera Forward Axis。至此，MRTK 的基本设置已经完成。

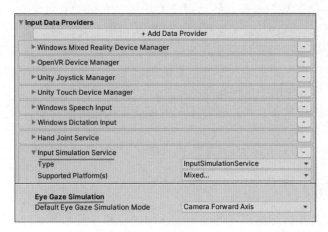

图 6-21　设置 Input Simulation Service

任务 6.2　基于 HoloLens 2 头显的 AR 零件拆卸应用

■ 任务目标

目标：主要学习使用 MRTK 工具包定制 UI 和目视交互功能知识点。

能力目标：通过知识点学习和项目实训，掌握 AR 应用中目视交互和手势交互功能的开发能力。

■ 建议学时

2 学时。

■ 任务要求

透彻理解本任务中的知识点，熟悉 MRTK 的 UI 定制操作流程。能够按照任务实施流程实现目视交互、零件高亮显示和手势交互等操作，在实践中培养解决问题的思维和能力。对于未充分展示操作细节的步骤，能够善于利用网络资源，探索解决方法。

知识归纳

1. UI 定制

（1）使用 MRTK 中的工具包（Toolbox）来定制 UI 基础控件，如按钮（Button）、菜单（Menu）和提示框（Tooltips）等。本任务将会使用提示框显示零件信息，设置主菜单提供交互选择。

（2）为了能够在 UI 控件上正确显示中文信息，避免出现乱码，需要在本地的字库中导入中文字体，取代默认的字体。

2. 目视交互功能

（1）MRTK 提供了基于凝视点的目视交互功能。在可交互对象上挂载目视交互组件，当检测到用户的凝视点落在挂载了目视交互组件的对象上时，触发交互事件。

（2）在可视化环境下设置目视交互响应事件，用来定义触发目视交互事件后如何进行响应，如 AR 拆卸应用中弹出显示零件信息的提示框。也可以在脚本文件中定义目视交互响应效果，如 AR 拆卸应用中呈现高亮的零件。

（3）在目视模拟模式下，可以设置不同的模式模拟眼球的移动，包括 Camera Forward Axis 和 Forward Axis 等。

任务实施

本任务从装配体中拆卸虚拟零件模型，拆卸内容和步骤如图 6-22 所示。为了提升 AR 拆卸引导效果，本任务提供目视交互、手势交互、高亮显示和显示模式切换等交互方式。项目的实施流程如图 6-23 所示。

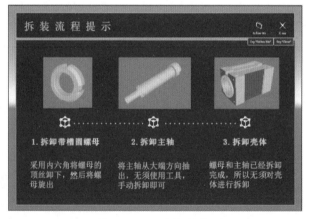

图 6-22　AR 拆卸流程

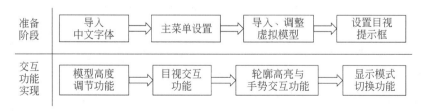

图 6-23　实施流程

步骤 1　导入中文字体。

打开任务 6.1 中创建的 Unity 工程文件 spindle。

首先在 Windows 系统安装目录下找到本地的字体库，通常在 C:\Windows\Fonts 路径下，如图 6-24 所示。选择一个适合的中文字体，如"黑体 常规"，将文件拖曳到 Unity Project 面板下的 Assets → Fonts 文件夹（如果不存在 Fonts 文件夹，可新建一个），在该文件夹下出现一个名为 simhei 的字体文件（见图 6-25）。

图 6-24　本地字体文件库

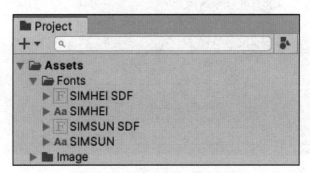

图 6-25　字体文件

然后，在 SIMHEI 的字体文件上右击，依次执行菜单 Create → TextMeshPro → Font Assets 命令，创建 SIMHEI SDF 文件。该字体文件将被应用到 UI 控件中。

步骤 2　为工程添加、设置主菜单。

在 Unity 菜单栏中依次执行 Mixed Reality Toolkit → Toolbox 命令，打开 MRTK 的工具包，如图 6-26 所示。该工具包提供了按钮、菜单和提示框等 UI 基础控件。

在 MRTK Toolbox 中，找到 Near Menus 一栏，单击选择 Near Menu 3×2，将包含 6 个按钮的菜单导入场景，如图 6-27 所示。

单击某个按钮，可在其 Inspector 面板中的 Button Config Helper 组件中修改按钮的图

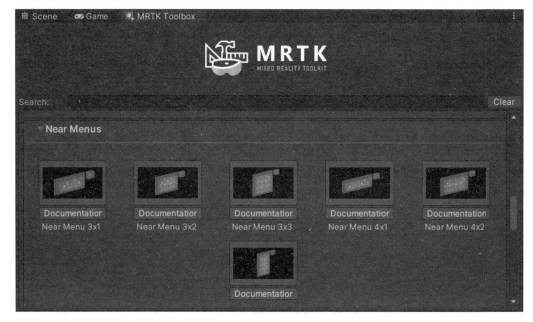

图 6-26　MRTK Toolbox

图 6-27　在场景中添加适当的主菜单

标和下方文字，如图 6-28 所示。

在主菜单的游戏物体下找到 Backplate，在其下方创建 TextMeshPro，在主菜单面板上添加文字提示。用同样的方法，对其余按钮和文字提示进行设置。本工程创建的主菜单样式如图 6-29 所示。其中，拆卸零件的顺序从左往右依次为：带槽圆螺母、主轴和壳体。

步骤 3　模型导入，调整位姿。

将预先导入 Unity 工程中的主轴头模型文件拖入 Unity 场景，模型导入场景以及 Hierarchy 面板如图 6-30 所示。适当调整模型的位姿（Position 和 Rotation），使模型置于主摄像机正前方，便于用户观察，如图 6-31 所示。

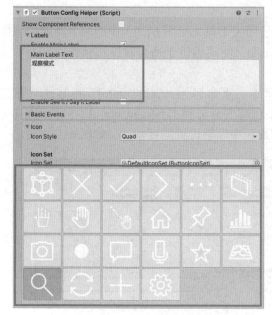

图 6-28 按钮文字和图标的修改

图 6-29 本工程的主菜单样式

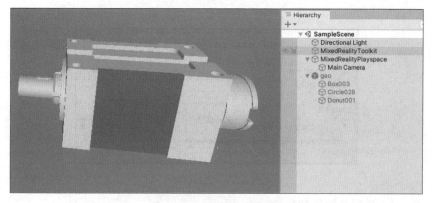

图 6-30 模型导入场景

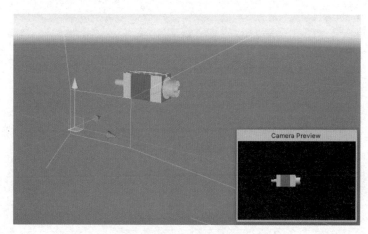

图 6-31 调整模型位姿

步骤 4　模型高度调节功能实现。

本项目设置了模型高度调节功能，用户使用主菜单（见图 6-29）中的两个高度调节按钮（Up 和 Down），可以调节主轴头模型的高度，使模型位于适合观察和操作的高度。这个功能通过脚本实现。

（1）脚本创建与编辑。创建高度调节脚本，重命名为 heightControl，将其挂载在主轴头模型的游戏物体上，如图 6-32 所示。编辑高度调节脚本 heightControl（见代码 6-1），实现高度调节功能。可以在模型的 Inspector 面板中调整设置高度步长，如图 6-33 所示。

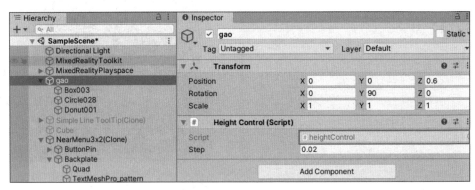

图 6-32　挂载高度调节脚本

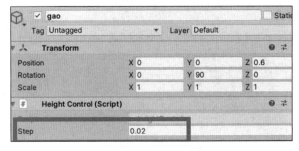

图 6-33　调整步长

【代码 6-1】　调节零件模型高度。

```
using System.Collections;
using System.Collections.Generic;
using UnityEngine;
public class heightControl: MonoBehaviour
{
    public float step=0.02f;                    //高度调节的步长
    public void Up()
    {
    //沿 Y 轴正方向移动一个步长距离
        Transform.position +=new Vector3(0, step, 0);
    }
```

```
public void Down()
{
    //沿 Y 轴负方向移动一个步长距离
    Transform.position -=new Vector3(0, step, 0);
}
}
```

（2）高度调节功能测试。单击主菜单（见图 6-29）中的上升箭头按钮 Up 或下降箭头按钮 Down，可以调节模型的高度，使模型位于适合观察和操作的高度。模型高度调节测试如图 6-34 所示。

(a) 提升高度测试   (b) 降低高度测试

图 6-34　模型高度调节测试

步骤 5　为每个零件设置目视提示框。

本项目中目视提示框的作用在于：当检测到用户的凝视点落在挂载了目视交互组件的零件上时，呈现该零件的提示信息。

（1）添加提示框控件。参照步骤 2，打开 MRTK Toolbox，找到 Tooltips 下的 Simple Line Tooltip 控件，单击该控件，将其添加到当前场景中，如图 6-35 所示。

（2）创建提示框目标物体（Target）。创建一个 Cube，作为提示框参数设置时的 Target。Cube 不在场景中显示，所以取消勾选 Cube，如图 6-36 所示。

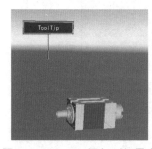

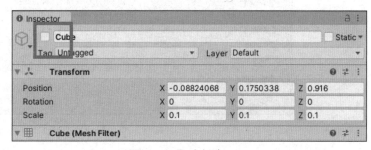

图 6-35　Tooltip 添加到场景中   图 6-36　取消勾选 Cube

（3）设置提示框的显示形式。打开 Simple Line Tooltip 的 Inspector 面板，找到 ToolTipConnector 组件，将上一步创建的 Cube 从 Hierarchy 面板拖动到 Target 框中。如

图 6-37 所示，设置 Connector Follow Type、Pivot Mode 和 Pivot Direction Orient 三项。

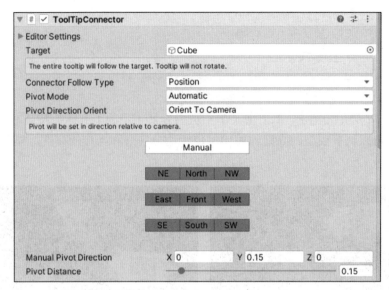

图 6-37　ToolTip 设置

（4）设置提示框字体。找到 Simple Line ToolTip 的子物体 Label，在其组件 Text-MeshPro - Text 下的 Font Asset 一栏（见图 6-38），将 SIMHEI SDF（TMP_FontAsset）字体文件拖入其中。在 Text Input 中填写需要显示的文字，如"测试"。设置字体后，可以看到场景中的提示框能够正确显示中文字体。后续主菜单中的中文显示设置同理，不再赘述。

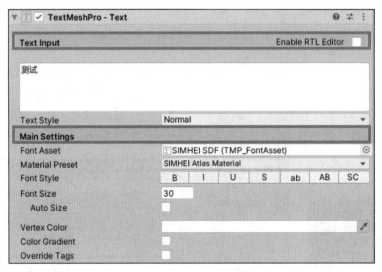

图 6-38　ToolTip 字体修改

步骤 6　在零件上挂载碰撞体组件和目视追踪组件。

（1）为每个零件挂载碰撞体组件（Collider）。在选定零件模型的 Inspector 面板中，单击 Add Component，搜索 Box Collider（方形碰撞体），将其添加到该零件模型中

（见图 6-39）。添加成功后，该零件模型被碰撞体包围，如图 6-40 所示的绿色线框，即为螺母零件的碰撞体。可以用鼠标拖曳，对碰撞体的大小进行调整。

（2）为每个零件挂载目视追踪组件（EyeTrackingTarget）。参考碰撞体组件的方法，在选定零件模型的 Inspector 面板中，单击 Add Component，搜索 EyeTrackingTarget，将其添加到该零件模型中（见图 6-39）。

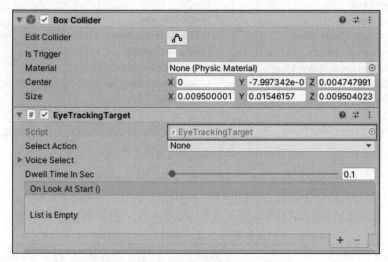

图 6-39 添加碰撞体和目视追踪组件

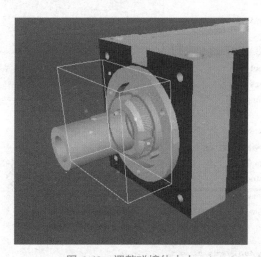

图 6-40 调整碰撞体大小

步骤 7 设置目视追踪的响应事件，实现目视交互。

本项目中，目视交互功能包括：当凝视点落入碰撞体范围时，显示指定的目视提示框；当凝视点离开碰撞体范围时，目视提示框消失。

（1）添加目视提示框激活事件。单击 While Looking At Target() 下的"+"，把目视提示框从 Hierarchy 面板拖入 Object 框中，单击 GameObject → SetActive(bool)，如图 6-41 所示，在下拉列表框单击勾选。

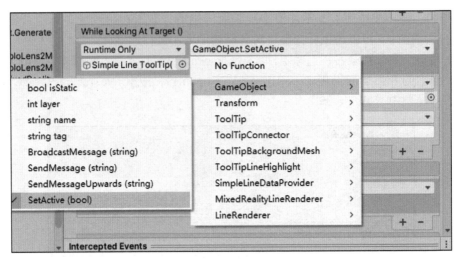

图 6-41　添加目视提示框激活事件

（2）设置目视提示框的目标对象。单击 While Looking At Target() 下的"+"，把步骤 4 中创建的 Simple Line ToolTip 从 Hierarchy 面板中拖入 Object 框中，单击 ToolTipConnector → GameObject Target，如图 6-42 所示，再将指定零件对象拖入框中。

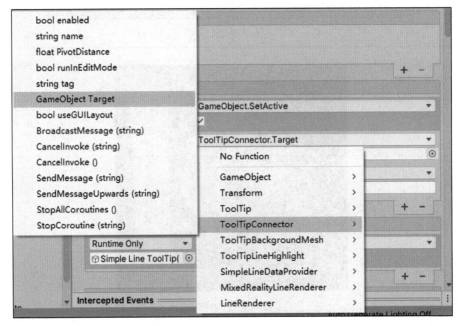

图 6-42　设置目视提示框的目标对象

（3）编辑目视提示框的文本。单击 While Looking At Target() 下的"+"，将 Simple Line ToolTip 的子物体标签拖入 Object 框中，单击 TextMeshPro → string text，如图 6-43 所示，在文本框中输入提示信息。

（4）隐藏目视提示框。如图 6-44 所示，单击 On Look Away() 下的"+"，将 Simple Line ToolTip 拖入 Object 框，选择 GameObject → SetActive(bool)，取消勾选。

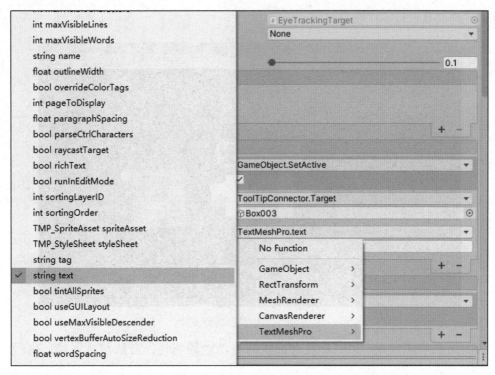

图 6-43　编辑目视提示框文本

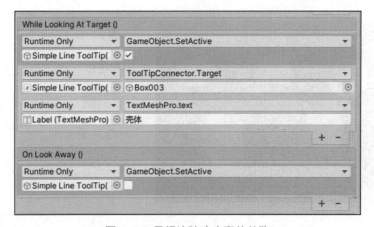

图 6-44　目视追踪响应事件总览

　　至此，单个零件的目视追踪响应事件设置完成，用同样的方法，完成其他零件的目视追踪功能。

　　（5）目视提示功能测试。单击 Unity 上方的运行按钮，测试目视提示功能。如图 6-45 所示，壳体零件上面有一个白色小圆圈，代表当前的凝视点。当凝视点落入某个零件的碰撞体范围时，该零件上方显示对应的提示框。

　　步骤 8　设置零件高亮和手动追踪功能，实现零件拆卸引导。

　　为了正确引导用户拆卸指定零件，设置零件高亮功能。单击主菜单上每个零件的对应按钮后，高亮显示该零件模型。

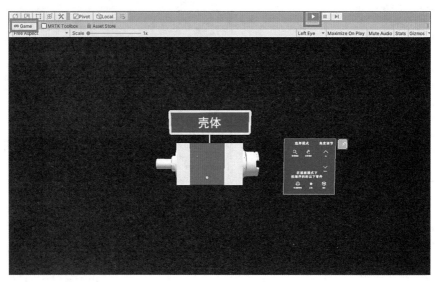

图 6-45　目视提示功能测试

（1）高亮功能实现。MRTK 没有提供高亮功能的组件，需从网络下载。执行菜单 Windows → Asset Store 命令，进入 Unity 资源商店，找到如图 6-46 所示的插件 Quick Outline，下载并导入当前工程中。为每个零件添加 Outline 组件，参数设置如图 6-47 所示。

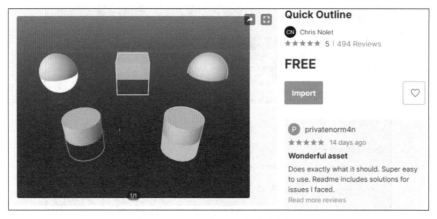

图 6-46　资源商店中的高亮插件

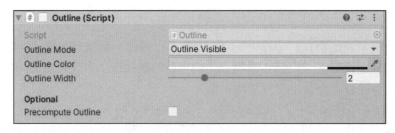

图 6-47　添加 Outline 组件

（2）添加手动交互组件。为每个零件添加 Object Manipulator 和 NearInteraction-Grabbable 组件，如图 6-48 所示。

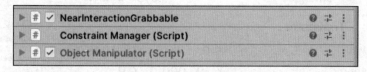

图 6-48 添加手动交互组件

（3）创建、编辑脚本文件。在 Assets 中创建脚本文件 disassemblyCtrl，将代码 6-2 写入脚本文件，控制交互行为。

【代码 6-2】 零件高亮与手动交互功能实现。

```
using System.Collections;
using System.Collections.Generic;
using UnityEngine;
using Microsoft.MixedReality.Toolkit.UI;
public class disassemblyCtrl: MonoBehaviour
{
    //声明另外两个零件的游戏物体
    public GameObject Object1;
    public GameObject Object2;
    public void Control()
    {
        //开启本零件游戏物体的高亮和手动交互
        GetComponent<Outline>().enabled=true;
        GetComponent<ObjectManipulator>().enabled = true;
        //关闭另外两个零件的高亮和手动交互
        Object1.GetComponent<Outline>().enabled=false;
        Object2.GetComponent<Outline>().enabled=false;
        Object1.GetComponent<ObjectManipulator>().enabled = false;
        Object2.GetComponent<ObjectManipulator>().enabled = false;
    }
}
```

（4）将 disassemblyCtrl 脚本文件挂载在所有零件上，如图 6-49 所示。

（5）添加按钮单击事件。主菜单（见图 6-29）中列出了三个零件的按钮，单击某个按钮，利用 disassemblyCtrl 脚本实现交互控制，高亮显示对应的零件，并让其处于可操纵状态，实现手动拆卸功能。在按钮的 Interactable 组件下，选择 Events，添加一个事件，将对应零件拖入 Object 框中，并选择 disassemblyCtrl 脚本，如图 6-50 所示。

（6）零件拆卸测试。单击主菜单下方的零件按钮，高亮显示对应的零件。按下空格键，显示虚拟手，移动虚拟手，将零件从装配体中移走（拆卸）。图 6-51（a）为选择主菜单中最左边的零件按钮，高亮带槽圆螺母零件，将其设置为可操控状态；图 6-51（b）为移动虚拟手将螺母拆卸；图 6-51（c）为手动拆卸主轴。

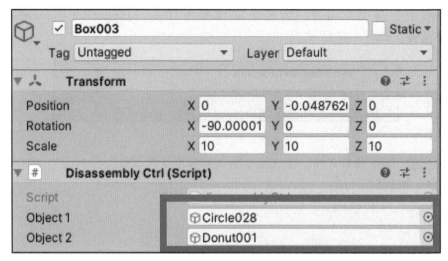

图 6-49　为脚本设置游戏物体

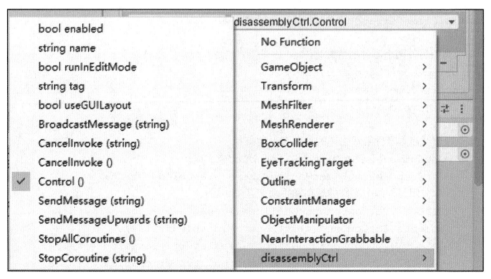

图 6-50　按钮单击事件——选择高亮控制脚本的方法

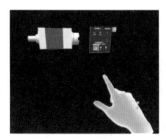

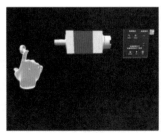

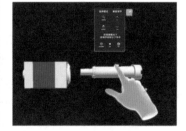

(a) 选择带槽圆螺母　　　　　　　(b) 手动将螺母从装配体中移走　　　　　　　(c) 拆卸主轴

图 6-51　零件拆卸

步骤9 两种零件查看模式的实现。

本项目提供两种场景的查看模式：观察模式和全显模式，通过单击主菜单的两个按钮实现切换。观察模式和全显模式的差别在于是否渲染虚拟模型。观察模式隐藏虚拟模型，便于让用户观察实物；全显模式显示虚实融合的效果。图6-52（a）为观察模式，壳体虚拟模型被隐藏，仅显示其提示框（因为碰撞体存在，目视交互依然起作用）；图6-52（b）为全显模式，呈现真实的装配体和虚拟壳体零件模型的融合效果。

(a) 观察模式　　　　　　　　　　　　　(b) 全显模式

图 6-52　两种查看模式

（1）"观察模式"按钮设置。在"观察模式"按钮的 Inspector 面板下，找到 Interactable 组件，在 Events 下添加按钮单击事件 OnClick()，将所有零件从 Hierarchy 面板中依次拖入 Object 中，选择 MeshRenderer.enabled，取消勾选零件右边的复选框，如图 6-53 所示。

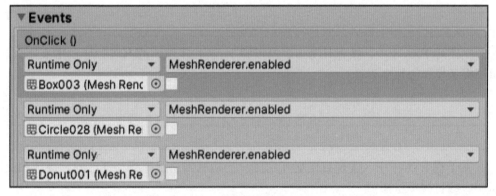

图 6-53　按钮单击事件——关闭零件渲染

（2）"全显模式"按钮设置。在"全显模式"按钮的 Inspector 面板下，进行与上一步相同的操作，但要勾选全部选项。

（3）查看模式切换测试。在运行状态下，按住空格键显示模拟手。将模拟手的延伸射线对准主菜单上的观察模式按钮，单击按钮，关闭零件渲染；单击全显模式按钮，开启零件渲染。两种模式的显示效果如图 6-54 所示，由于这里只有装配体的虚拟模型，因此在观察模式下看不到任何零件。

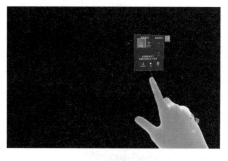 (a) 观察模式
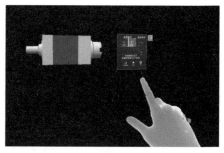 (b) 全显模式

图 6-54 两种查看模式的切换

◆ 能 力 自 测 ◆

1. 查阅相关资料，弄清图 6-9 中的各个 MRTK 工具包的作用。

2. 在本书提供的素材中，找到模型包 ExModel6-1.unityPackage。创建 Unity 工程 EX6-1，将模型包导入工程，并调整模型的位姿。

3. 在工程 EX6-1 中，按照任务 6.2 中步骤 1、2 和步骤 5 的方法，导入中文字体，设置目视提示框，添加主菜单。

4. 在工程 EX6-1 中，实现目视交互功能。当检测到用户视线与部件的碰撞体相交时，显示相应的目视提示框。

5. 在工程 EX6-1 中，添加高度调节脚本（见代码 6-1）。模仿高度调节脚本，创建一个 xControl 脚本，用于控制零部件沿 X 轴正向和负向移动。

提示：在代码 6-1 中修改 Vector3(0, step, 0)。

◆ 学 习 评 价 ◆

组员姓名		项目小组名称				
评价栏目	任务详情	评价要素	分值	评价主体		
				学生自评	小组互评	教师点评
掌握 MRTK 的配置方法（10分）	HoloLens 2 的组件和主要技术指标	是否完全掌握	3			
	混合现实工具包 MRTK 的主要模块	是否完全掌握	3			
	MRTK 的配置文件	是否完全掌握	4			
掌握 UI 定制与交互功能的实现方法（8分）	MRTK 的 UI 定制操作流程	是否完全掌握	4			
	MRTK 的交互功能	是否完全掌握	4			
操作熟练度（72分）	下载、安装 MRFT	任务完成度和效率	5			
	创建 Unity 工程，设置应用部署平台	任务完成度和效率	5			
	将 MRTK 添加到 Unity 工程场景	任务完成度和效率	5			
	克隆主配置文件	任务完成度和效率	5			
	克隆、修改 Input 系统配置文件	任务完成度和效率	5			
	导入中文字体	任务完成度和效率	5			
	主菜单设置	任务完成度和效率	5			
	导入、调整虚拟模型	任务完成度和效率	6			
	设置目视提示框	任务完成度和效率	6			
	模型高度调节	任务完成度和效率	6			
	目视交互功能	任务完成度和效率	6			
	轮廓高亮与手势交互功能		8			
	显示模式切换功能		5			
职业素养（10分）	态度	是否提前准备，报告是否完整	2			
	独立操作能力	是否能够独立完成，是否善于利用网络资源	4			
	拓展能力	是否能够举一反三	4			
合计			100			

项目7

体感交互应用项目："快乐小达人"游戏开发

项目导读

本项目将引导读者完整地制作一个体感交互游戏——"快乐小达人"，这是一款运动风格的游戏。游戏场景中设置一百米跑道，以及奖励和障碍道具。用户（游戏玩家）以跑步、跳跃、横移等动作操控游戏进程，从起点到终点，获取奖励、避开障碍，赢取积分。该游戏将运动和娱乐相结合，具有积极的健身作用，令玩家身心愉悦。

2021年10月25日，国家体育总局印发《"十四五"体育发展规划》，对"十四五"体育改革发展进行了全面部署，围绕体育强国建设，力求推动体育重点领域实现高质量发展。体感交互技术适合健身游戏应用，具有开发和维护成本低、内容丰富灵活、不受场地限制等优点，对促进全民健身具有一定的积极作用和实用价值。

学习目标

- 了解体感交互概念、基本方法及体感交互 SDK 的基本功能。
- 掌握在 Unity 3D 中制作体感交互增强现实项目的流程。

职业素养目标

- 创新思维能力：学生应具备能够独立设计和实现一款体感交互游戏的能力。
- 自主学习能力：能够主动学习体感交互以及自然人机交互的概念和方法，了解国内外最新的技术进展。

职业能力要求

- 具有清晰的项目制作思路。
- 具有一定的项目协作能力。

💡 **项目重难点**

项目内容	工作任务	建议学时	技能点	重难点	重要程度
"快乐小达人"游戏的开发	任务 7.1　学习使用体感交互 SDK	2	SDK 的安装和 SDK 函数调用	SDK 的接入	★★★☆☆
				SDK 的使用	★★★★★
	任务 7.2　"快乐小达人"游戏制作	2	搭建游戏场景和熟悉开发流程	游戏场景搭建	★★★★★
				游戏开发流程	★★★★★

任务 7.1　学习使用体感交互 SDK

■ **任务目标**

知识目标：了解体感交互基本原理和概念，掌握开发体感交互游戏的 SDK 功能。

能力目标：学会将体感交互 SDK 文件导入 Unity 内；学会在项目中使用体感交互 SDK。

■ **建议学时**

2 学时。

■ **任务要求**

理解本任务的知识点，熟悉体感交互的操作流程，了解开发体感交互应用的 SDK 功能。

知识归纳

1. 体感交互概念

体感交互技术是一种自然人机交互技术；借助体感交互技术，用户只需用肢体动作就能够操控计算机。体感交互硬件系统主要由计算机、动作捕捉设备和显示器组成，体感交互软件系统就是体感交互驱动的游戏系统。用户体验体感交互游戏的过程十分简单、自然：用户面对显示器，在游戏界面的引导下做出相应的动作（见图 7-1）；动作捕捉设备和相应的算法负责捕获用户的动作，游戏系统做出相应的操作，并在显示器上渲染反馈结果。随着游戏情节的发展，交互过程持续进行，直到游戏结束。

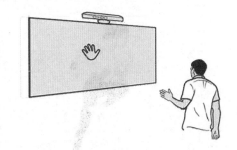

图 7-1　玩家与系统进行体感交互

2. 体感交互 SDK 使用方法

开发"快乐小达人"游戏所需要的基本体感交互功能，包含在体感交互 SDK 中；这是由广州紫为云科技有限公司采用深度学习算法，针对 Unity 使用 C# 开发的体感交互开发工具。其优越性在于，只需一台普通的高清摄像头作为体感捕捉设备即可，与 Kinect 等体感摄像头相比，成本低廉，开发和使用简单，且易于推广。

该体感交互 SDK 可从人体图像中检测到关键点；本项目所使用的关键点的分布如图 7-2 所示。根据这些人体关键点坐标信息，可以进行行为分析、姿态估计和运动控制等。

使用 SDK 开发体感交互游戏的基本流程如图 7-3 所示。游戏启动即开启摄像头，捕获玩家的图像。系统从图像中检测到人体，提取人体骨架，进而辨识能够接受的动作，与游戏系统进行交互，驱动游戏系统中的虚拟角色"小达人"做出相应动作；该过程持续进行，直到游戏结束。开发体感交互游戏，可以涉及三种基本交互操作。

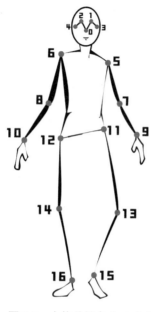

图 7-2　人体关键点（17 个）

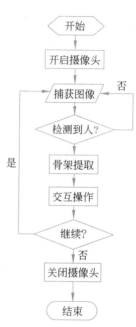

图 7-3　体感交互流程

1）骨骼绑定

图 7-4 为骨骼绑定过程示意图。系统检测到玩家骨架点，将骨架点映射到虚拟角色上，驱动虚拟角色肢体做出类似响应。本项目没有用到骨骼绑定。

(a) 玩家图像　　　　　　　　(b) 骨架图像　　　　　　　　(c) 映射图像

图 7-4　骨骼绑定过程

2）动作指令

本项目涉及跑步、跳跃、横移、右臂上举和两臂胸前交叉 5 个交互动作。玩家站立在显示屏前面 1~3m，通过这些动作操控游戏。这些动作基本上在原地进行。其中，（原地）跑步用于控制小达人向终点前进，左右移动和（向上）跳跃用于小达人避开障碍，而右臂上举、两臂胸前交叉分别用于执行"开始"和"结束"按钮。

3）对象拾取

若身体与对象有交集（即发生碰撞），则认为对象拾取成功。

任务实施

体感交互游戏——"快乐小达人"项目在 Windows 操作系统下开发和运行；显示器分辨率设定为 1920×1080。在开发之前，我们需要从清华大学出版社官网下载所必需的体感交互 SDK 包（SDK.package）、交互 Demo 场景资源包（DemoResource.package）和小达人游戏场景资源包（SportsMan.package），存放在 D:\Unity\package 文件夹中。本任务中，我们引导读者熟悉 SDK 中基本交互功能的使用，只用到体感交互 SDK 包和交互 Demo 场景资源包，而小达人游戏场景资源包留待下一个任务使用。

步骤 1　创建 Unity 工程。

在 UnityHub 中单击"新项目"按钮，选择 3D 核心模板，将新项目命名为 SportsMan，保存在 D:\SportsMan 中。单击"创建项目"按钮，完成项目创建。

步骤 2　调整 Unity 编辑器界面布局及分辨率。

为了更方便查看 Unity 的场景布局效果与实际游戏画面效果，推荐将 Unity 编辑器的布局调整为 2 by 3。

（1）单击 Unity 编辑器右上角的 Layout 按钮，然后在下拉列表中选择 2 by 3，如图 7-5 所示。

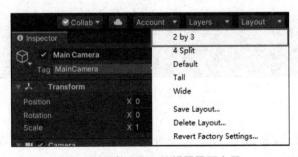

图 7-5　调整 Unity 编辑器界面布局

（2）完成后，Unity 编辑器的 2 by 3 布局效果如图 7-6 所示。在界面左侧有两个垂直排列的窗口，其中上面的 Scene 窗口用来显示场景布局，下面的 Game 窗口用来显示实际游戏效果。在界面右侧有三个水平排列的面板，分别是 Hierarchy 面板、Project 面板和 Inspector 面板。

（3）单击 Game 窗口上方的 Free Aspect 按钮，在下拉列表中选择 1920×1080，如图 7-7 所示。

增强现实技术与应用

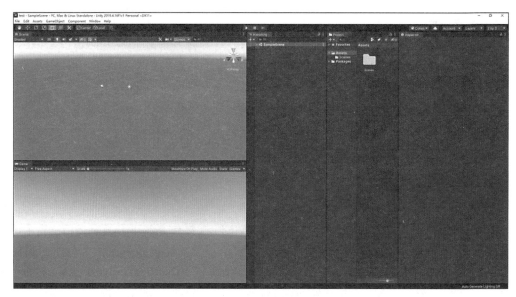

图 7-6　Unity 编辑器 2 by 3 布局效果示意

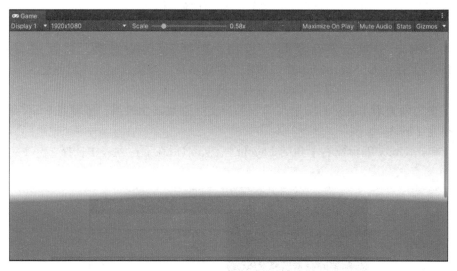

图 7-7　修改 Game 窗口分辨率

步骤 3　导入体感交互 SDK。

（1）依次执行菜单 Assets → Import Package → Custom Package（自定义包）命令。

（2）在弹出的对话框中，选择体感交互 D:\Unity\package\SDK.unitypackage，单击打开按钮。

（3）在弹出的窗口中，勾选所有内容后，单击 Import 按钮完成导入。导入后的目录结构为

Assets/
    ├── Plugins/　　　　　　　　　　——SDK 动态链接库文件
    ├── Scenes/　　　　　　　　　　 ——场景文件（系统默认）

```
├── SDK/                          ──SDK 目录
│    ├── ActionInterface/         ──SDK 动作接口文件
│    ├── DemoScene/               ──示例文件夹
│    ├── Settings/
│    │    ├── SDKData.cs          ──SDK 通用数据
│    │    ├── SDKSettings.cs      ──SDK 配置
│    │    ├── Perfab/             ──SDK 涉及的预制体
│    │    ├── readme.txt          ──帮助文档
├── StreamingAssets/
│    ├── model/                   ──SDK 模型文件
```

步骤 4　导入场景资源包。

（1）依次执行菜单 Assets → Import Package → Custom Package（自定义包）命令。

（2）在弹出的对话框中，选择资源包 D:\Unity\package\DemoResource.unitypackage，单击打开按钮。

（3）在弹出的窗口中，勾选所有内容后，单击 Import 按钮完成导入。导入后的目录结构为：

```
Assets/
    ├── PersonModel/      ──数字人动作模型文件
    ├── Animator          ──数字人动作控制文件
    ├── Materials         ──数字人材质文件
    ├── Textures          ──数字人纹理文件
    ├── Prefabs/          ──显示摄像头画面预制体文件
    ├── Scripts/          ──demo 脚本
```

步骤 5　创建 SDKDemo 场景。

在 Project 面板中右击，选择 Create → Scene 命令创建一个场景，命名为 SDKDemo。

（1）在 Hierarchy 面板中右击，选择 3D Object → Plane 命令，在场景中添加一个平面作为地面，完成后，Scene 面板的显示效果如图 7-8 所示。

（2）在 Project 面板中，将 Assets → DemoResource → PersonModel → SportsMan.fbx 文件拖曳到 Hierarchy 面板中，以此将小达人添加到场景中，完成后 Scene 窗口的显示效果如图 7-9 所示。

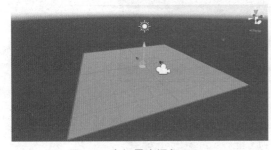　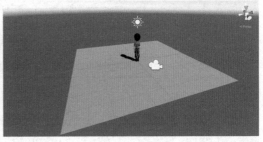

图 7-8　在场景中添加 Plane　　　　图 7-9　在场景中添加小达人模型

（3）在 Hierarchy 面板中单击 SportsMan 对象，在 Inspector 面板中，将 Transform → Rotation → Y 设置为 180。完成后，小达人将正面朝向我们。完成后的显示效果如图 7-10

所示。

（4）在 Hierarchy 面板中单击 Main Camera，在 Inspector 面板中将 Transform → Position → Z 设置为 3。完成后，Game 窗口的显示效果如图 7-11 所示。

图 7-10　调整小达人的朝向

图 7-11　小达人效果

（5）在 Hierarchy 面板中右击，选择 UI → Canvas，在场景中添加一个画布对象。在 Hierarchy 面板中单击 Canvas 对象，在 Inspector 面板中，将 Canvas → RenderMode 设置为 ScreenSpace-Camera 模式，完成后，Inspector 面板如图 7-12 所示。

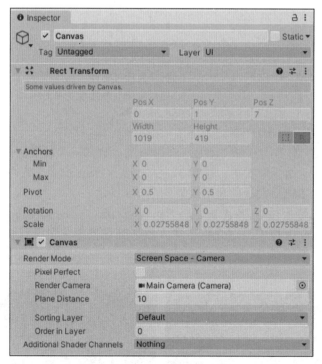

图 7-12　更改 Canvas 渲染模式

（6）在 Project 面板中，将 Assets\DemoResource\Prefabs\Portrait 文件拖曳到 Hierarchy 面板的 Canvas 对象中，完成后，Portrait 将成为 Canvas 对象的子对象。

（7）在 Game 窗口中，单击右侧选项按钮，在下拉菜单中单击 Maximize，如图 7-13 所示。

（8）场景的游戏效果图如图 7-14 所示。右上方的白色矩形是画布对象，用来显示摄像头画面和 SDK 检测到的关键点。

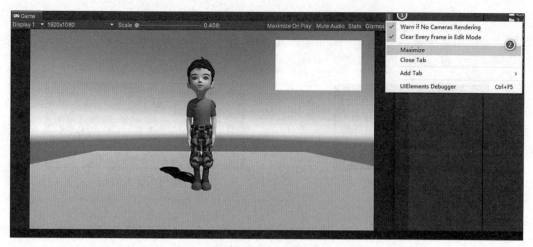

图 7-13　Game 窗口最大化

图 7-14　游戏效果

Hierarchy 面板下的结构为

SDKDemo

├── Main Camera

├── Directional Light

├── SportsMan

├── Plane

├── Canvas

├── EventSystem

步骤 6　挂载 SDK 脚本。

（1）在 Hierarchy 面板中单击 SportsMan 对象，在 Inspector 面板中单击 Add Component 按钮，在搜索框中输入 SDK，选择 SDK 脚本，如图 7-15 所示。

（2）在 Hierarchy 面板中单击 SportsMan 对象，在 Inspector 面板中单击 Add Component 按钮，在搜索框中输入 Set Common Action，选择 Set Common Action 脚本，上述两个脚本挂载完成后，Inspector 面板如图 7-16 所示。

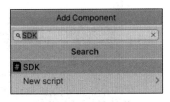

图 7-15　脚本挂载

图 7-16　脚本挂载后小达人 Inspector 面板示意

步骤 7　SDK 算法调用。

交互动作判断与 SDK 中的人体关键点检测算法相关。对于摄像头画面的每一帧，使用 SDK 检测出玩家人体关键点和判断当前玩家人体动作类别。

对于玩家人体关键点，可以通过以下语句获得

```
Vector3[] body_pose_points = SDK.single.transform_pose
```

对于玩家人体动作类别，可以通过以下语句获得

```
ActionPoseV2Enum  pose = GeAction.ActionPoseV2Enum
```

其中，ActionPoseV2Enum 是在 SDK 中定义的动作类别枚举类，定义为

```
public enum ActionPoseV2Enum {
    Standing,   //站立
    Running,    //跑步
    Jumping,    //跳跃
    Unkonwn,    //未知
}
```

该枚举类没有包括"横移"动作，这是因为识别横移动作比较简单，只需要判断玩家水平方向的位移即可。而"站立"是游戏中玩家的基本状态，所以包括其中。下面介绍 SDK 中"站立""跑步""跳跃"等动作的判断方法。

（1）"站立"判断。在游戏倒计时阶段，计算左肩关节（图 7-2 中的第 5 点）与左髋关节（图 7-2 中的第 11 点）的高度差 H_0 游戏开始后，计算当前帧的左（右）腕关节关键点与左（右）髋关节的关键点的欧式距离 d_i，以及左（右）髋关节与左（右）脚踝关键点的高度差 H_i，若 $d_i<d'$，$|H_i-H|<h'$，$i\in\{$左，右$\}$，则判断玩家站立。其中，d' 和 h' 为经验阈值，在本任务中，在摄像头画面检测到玩家后，SDK 会将玩家图像大小缩放为 256×128。此时，$d'=5$，$h'=10$。

（2）"跑步"判断。类似"站立"判断，H 同上述定义。游戏开始后，记录第 t 帧左脚踝关键点（图 7-2 中的第 15 点）纵坐标 y_t，分析当前帧及其前 T 帧的变化幅度。若 $y_i-y_{i-1}>\alpha H$，$t-T\leq i\leq t$，则判断玩家在跑步。其中，α 和 T 为经验阈值，在本任务中，$\alpha=$

0.3，$T = 15$。

（3）"跳跃"判断。类似"跑步"判断，H 同上述定义。记录左肩关节关键点纵坐标 y_t。若 $y_t - y_{t-1} > \beta H, \beta = 0.10$，则判断玩家在跳跃。

步骤 8　动画组件及动画播放。

在 Hierarchy 面板中单击 SportsMan 对象，在 Inspector 面板中可以发现 SportsMan 挂载了 Animator 组件。Animator 是用来控制小达人游戏动画播放的组件，它需要两个参数：Controller 和 Avatar。其中 Controller（也称动画状态机）用来切换不同动作的动画，Avatar 是模型绑定的骨骼。

（1）在 Hierarchy 面板中单击 SportsMan 对象，在 Inspector 面板中单击 Animator → Controller 中右侧的对象选择按钮（如图 7-17 中①右侧的小圆圈按钮），在下拉列表中选择 controller（如图 7-17 中②右侧的小圆圈按钮）。

（2）在 Inspector 面板中，单击 Animator → Avatar 中右侧的对象选择按钮，在下拉列表中选择 BatterOnDeckAvatar。

在本任务中，我们主要使用"站立""跑步"和"跳跃"动画。"横移"效果由"站立"动画和水平位置变化来体现。关于动作动画制作的详细过程请参考任务 4.2。

动画文件在 Assets\DemoResource\Animator 文件夹中，读者可以自行查看。例如，在 Project 面板中单击选中 Assets\DemoResource\Animator\FastRun 文件内容，在 Inspector 面板下方单击播放按钮，可以看到跑步的动画效果，如图 7-18 所示。在游戏脚本中，跑步动画播放的实现方法为：anim.SetBool("Running", True)。

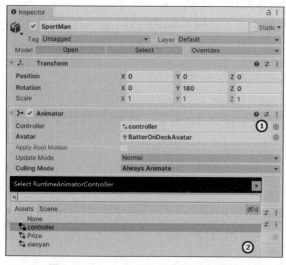

图 7-17　Animator 组件参数对象选择

图 7-18　跑步动画示意

123

本任务中主要学习 SDK 中的站立、跑步和跳跃等动作的操作方法。在游戏中，玩家可能从这三个动作中的任意一个状态转换到其余两个状态。不同动画之间的切换关系用动画状态机描述，如图 7-19 所示。其中，Any State 表示任意状态，Entry 表示状态机的入口状态。Entry 本身并不包含动画，而是指向某个带有动画的状态，并将其设置为默认状态；Standing 为默认的动画状态；Exit 表示状态机的出口状态。动画状态机文件在 Assets\DemoResource\Animator\controller.controller 中，读者可以自行查看。

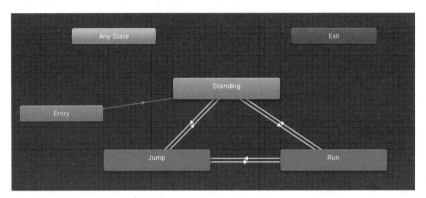

图 7-19　动画状态机示意

步骤 9　编写交互脚本。

在 Assets 下新建 Scripts 文件夹，在 Scripts 文件夹中新建 demo.cs 文件。首先定义一个公共变量 anim，用于指向一个外部的 Animator 类对象。在本任务中，anim 指向步骤 8 中挂载了动画组件的 SportsMan 对象。然后定义一个内部变量 noJumpActionNumber，当 noJumpActionNumber>5 时，并且当前玩家的动作为跳跃，才会触发小达人跳跃。

在本任务中，跑道沿着世界坐标系的 Z 轴延伸。小达人的正前方平行于 Z 轴，左右方向平行于 X 轴。

为实现小达人的左右横移效果，可由玩家的鼻子关键点更新小达人的横向位置。假设摄像头的横向分辨率为 W，玩家鼻子关键点在图像空间中的横坐标为 $x_{nose} \in (0, W)$；玩家站在摄像头画面正中间时，$x_{nose} = W/2$，游戏中小达人的横坐标对应为 $x_{game} = 0$；跑道的宽度设为 W_{track}，则

$$x_{game} = 2(x_{nose} - W/2)\ W_{track}\ /\ W$$

在本任务中，$W= 1920$，$W_{track} =3$。

横移、跑步、跳跃和站立等动作的实现如代码 7-1 所示。完整代码见文件 Assets/DemoResource/Scripts/sportsman_demo.cs。

【代码 7-1】游戏体感交互。

```
public Animator anim;
private int noJumpActionNumber = 0;
//玩家左右横移，小达人位置更新
private void PlayerLeftOrRightMove()
{
```

```
var x = 2*3*(SDK.single.transform_pose[0].x-1920/2)/1920;
gameObject.transform.position = new Vector3(x,
                                  gameObject.transform.position.y,
                                  gameObject.transform.position.z);
}

//跳跃判断及动画播放
if(GetAction.ActionPoseV2Enum != ActionPoseV2Enum.Jumping)
{
    noJumpActionNumber += 1;
}

if(noJumpActionNumber >= 5 &&
    GetAction.ActionPoseV2Enum == ActionPoseV2Enum.Jumping)
{
    anim.SetBool("Runing", false);
    anim.SetBool("Jumping", true);
    noJumpActionNumber = 0;
}

//跑步判断及动画播放
if(GetAction.ActionPoseV2Enum == ActionPoseV2Enum.Running)
{
    anim.SetBool("Jumping", false);
    anim.SetBool("Standing", false);
    anim.SetBool("Runing", true);
}

//站立判断及动画播放
if(GetAction.ActionPoseV2Enum == ActionPoseV2Enum.Standing ||
    GetAction.ActionPoseV2Enum == ActionPoseV2Enum.Unkonwn)
{
    anim.SetBool("Jumping", false);
    anim.SetBool("Runing", false);
    anim.SetBool("Standing", true);
}
```

注意：本任务资源包中的脚本文件名统一带有 SportsMan 前缀。读者在创建文件时不要与资源包中的脚本文件重名，否则游戏不能正常运行。

步骤 10　交互脚本挂载及游戏运行。

（1）在 Hierarchy 面板中单击 SportsMan 对象，在 Inspector 面板中单击 Add Component 按钮，在搜索框中输入 demo，选择 Demo 脚本。

（2）在 Demo 脚本中，单击 Anim 对象选择按钮，选择 SportMan 对象，如图 7-20 所示。

（3）所有的脚本挂载完毕后，SportMan 对象的 Inspector 面板如图 7-21 所示。

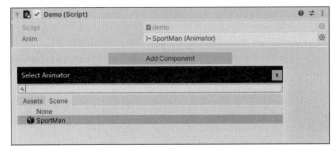

图 7-20 选择 Anim 对象

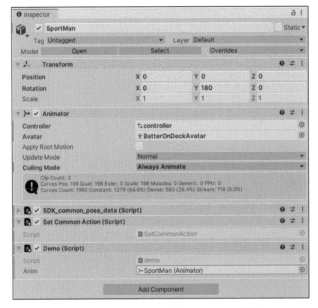

图 7-21 SportMan 对象 Inspector 面板

（4）将 Game 窗口最大化后，单击 Unity 编辑器中的 Play 按钮。站在摄像头前，开始进行交互体验，如图 7-22 所示。

图 7-22 交互 demo 示意图

任务 7.2　"快乐小达人"游戏制作

■ **任务目标**

知识目标：能够熟练使用 Unity 编辑器开发一款游戏。

能力目标：学会使用 UI 系统，包含 UI 组件的各种方法；学会使用碰撞检测、射线检测等功能。

■ **建议学时**

2 学时。

■ **任务要求**

透彻理解本任务中的知识点，能够熟练通过 Unity 编辑器放置、缩放和旋转游戏对象。熟练掌握 Unity 编辑器中场景平移、视角转换等辅助编辑功能。掌握通过 Unity 编辑器放置环境光的方法。其中本任务游戏设计的内容如下。

（1）在一个两百多米跑道上，放置一部分道具；道具类型包括奖励道具和障碍道具。小达人在跑道上需要跳过障碍道具才能继续前进，在前进过程中通过左右移动获得奖励道具。道具设置如下。

① 奖励道具。鲜花：每拾取一朵鲜花，可获得积分奖励。

② 障碍道具。横木：如果不躲避就不能跨越横木，延误时间。

（2）用户（玩家）通过跑步、跳跃和横移等动作，分别驱动小达人在百米跑道上向前奔跑、向上跳跃和左右横移。

（3）小达人奔跑到终点，游戏即结束。游戏系统为小达人评分，评分规则如下。

① 10 秒内到达终点得 100 分。

② 11～20 秒到达终点得 80 分。

③ 21～30 秒到达终点得 60 分。

④ 31～60 秒到达终点得 20 分。

⑤ 每拾取一朵鲜花，可获得 5 分。

例如，全程用时 15 秒，拾取了两朵鲜花，最终得分为 80+5×2=90（分）。

（3）游戏系统包括 3 个页面：游戏开始页面、游戏过程页面和游戏结束页面。游戏系统页面和体验效果如图 7-23 所示。

(a) 游戏开始页面　　　　　　(b) 游戏过程页面　　　　　　(c) 游戏结束页面

图 7-23　游戏各阶段页面和体验效果

① 游戏开始页面设置如下两个按钮。

• 开始游戏按钮。单击该按钮，或采用动作事件——举起右手 3 秒，进入游戏。

• 退出游戏按钮。单击该按钮，或采用动作事件——双手交叉 3 秒，退出游戏。

② 游戏过程页面。进入游戏，玩家面对屏幕，以跑步、跳跃、横移的方式和系统进行交互。具体有如下三类交互任务。

• 向前奔跑。玩家通过原地跑步驱动小达人向前奔跑。

• 躲避障碍道具。玩家通过跳跃或横移驱动小达人躲避障碍道具。

• 拾取奖励道具。玩家通过横移驱动小达人拾取奖励道具。

③ 游戏结束页面。小达人到达终点，游戏结束。弹出结束页面，显示玩家获得的分数。也可以把分数 s 换算成星星数 c：如果 $s > 1000$，则 $c = 3$；如果 $s < 500$，则 $c = 1$；否则 $c = 2$。

任务实施

本任务中，我们将完成游戏场景构建和游戏页面实现，并完成游戏系统封装。

步骤 1　导入场景资源包。

（1）依次执行菜单 Assets → Import Package → Custom Package（自定义包）命令。

（2）在弹出的对话框中选择资源包 D:\Unity\package\Resources.package，单击"打开"按钮。

（3）在弹出的窗口中，勾选所有内容后，单击 Import 按钮完成导入。

（4）导入后的目录结构为

```
Assets/
├── Effect/            ——特效文件夹
├── Music/             ——音乐、音效文件夹
├── Skybox/            ——天空盒文件夹
├── Props/             ——道具文件夹
├── Materials          ——材质
├── Prefab/            ——预制体
├── UI/                ——UI 界面文件夹
```

步骤 2　创建 SportsMan 场景。

在 Project 面板中右击，选择 Create → Scene 创建一个场景，并命名为 SportMan。

步骤 3　创建游戏封面。

（1）在 Hierarchy 面板中右击，选择 UI → Canvas，完成后 Hierarchy 面板将出现一个 Canvas 对象，选中 GameObject 对象，将其重命名为 HomePage。在 Inspecor 面板中设置 Canvas → Render Mode 为 Screen Space-Camera，将 Hierarchy 面板中的 Main Camera（Camera）对象拖曳到 Camera → Render Camera 中，如图 7-24 所示。

（2）单击 Scene 窗口中上方的 2D 按钮，Scene 窗口将切换到 2D 模式，如图 7-25 所示。

（3）在 Hierarchy 面板中选中 HomePage 对象右击，选择 UI → Image，向画布中添加一个图像组件。完成后，Canvas 对象中包含一个 Image 子对象。在 Hierarchy 面板中将

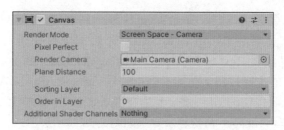

图 7-24 设置 HomePage 画布渲染模式

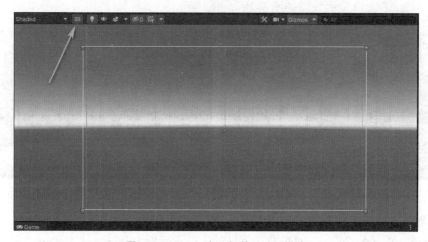

图 7-25 Scene 窗口切换为 2D 模式

Image 重命名为 Image_BackGround。

（4）在 Hierarchy 面板中选择 Image_BackGround 对象，在 Inspector 面板中单击 Image → Source Image 组件的选择按钮，在搜索框中输入 BackGround，选择 BackGround 图像作为封面背景。此时，Game 窗口的显示效果如图 7-26 所示。

（5）在 Hierarchy 面板中选择 HomePage 对象，右击，选择 UI → Image，向 HomePage 对象添加一个 Image 对象。选择 Image 对象，将其重命名为 Image_Title，在 Inspector 面板中单击 Image → Source Image 的选择按钮，在搜索框中输入 GameName，选择 GameName 图片。然后在 Scene 窗口中调整 GameName 图片的大小和位置，调整完毕后，Game 窗口的显示效果如图 7-27 所示。

图 7-26 添加封面背景效果图

图 7-27 添加游戏标题效果图

（6）在 Hierarchy 面板中选择 HomePage 对象，右击选择 UI → Button，向画布中添加一个按钮，并重命名为 Button_GameStart（开始演练按钮）。在 Hierarchy 面板中删除 Button_GameStart 对象的 Text 子对象，在 Button_GameStart 的 Inspector 面板中，单击 Image → Source Image 的选择按钮，在搜索框中输入 GameStartButton，选择 GameStartButton 图像为 Button_GameStart 按钮的 UI 图像。然后在 Scene 窗口中调整 Button_GameStart 图片的大小和位置，调整完毕后，Game 窗口显示效果如图 7-28 所示。

（7）重复上一个步骤，新建 Button_Quit（退出按钮），选择 GameQuit 图像，调整到合适位置，Game 窗口显示效果如图 7-29 所示。

图 7-28　添加开始演练按钮效果图　　　　图 7-29　添加退出按钮效果图

（8）同任务 7.1 中添加画布显示摄像头画面和关键点，在 Project 面板中，将 Assets/DemoResource/Prefabs/Portrait 对象拖曳到 Hierarchy 面板 HomePage 对象中，使得 Portrait 成为 HomePage 对象的子对象。在 Scene 窗口中调整 Portrait 对象到合适位置，如图 7-30 所示。

图 7-30　添加显示摄像头画面画布

（9）Hierarchy 面板中 HomePage 对象的完整目录树如图 7-31 所示。为了不影响后续游戏场景 3D 内容的创建，隐藏 HomePage 对象，把 Scene 窗口切换回 3D。具体操作为：在 Hierarchy 面板中选中 HomePage 对象，在 Inspector 面板中取消 HomePage 对象勾选，如图 7-32 所示。在 Scene 窗口中单击 2D 按钮，使得 Scene 窗口回到 3D 状态。

步骤 4　游戏开始页面相关脚本编写及挂载。

在步骤 3 中，游戏开始页面一共设置开始游戏和退出游戏两个按钮，分别对应 Hierarchy 面板中的 Button_StartGame 对象和 Button_Quit 对象。因为这两个对象都是 HomePage 的子对象，所以可以通过 transform.Find(string name) 来查找，其中参数 name 是

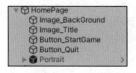

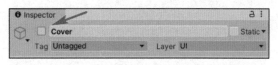

图 7-31　HomePage 对象目录树　　　　　　图 7-32　隐藏 HomePage 对象

子对象的名称。单击开始游戏按钮，则隐藏封面（对应 Hierarchy 面板中的 HomePage），显示游戏内容（对应 Hierarchy 面板中的 PlayContent）。单击退出游戏按钮，则应用程序退出。

（1）在 Project 面板中，新建 Assets/Scripts 文件夹，并在该文件夹下新建 HomePage.cs 脚本文件，此脚本将会挂载到 Hierarchy 面板的 HomePage 对象中。具体实现如代码 7-2 所示，完整代码见 Assets/SportsManResource/Scripts/SportsMan_HomePage.cs 文件。

【代码 7-2】 游戏开始页面按钮事件函数绑定。

```
void Start()
{
    GameObject BeginBtn = transform.Find("Button_StartGame").gameObject;
    BeginBtn.GetComponent<Button>().onClick.AddListener(() =>
    {
        this.gameObject.SetActive(false);
        PlayContent.SetActive(true);
    });
    GameObject QuitBtn = transform.Find("Button_Quit").gameObject;
    QuitBtn.GetComponent<Button>().onClick.AddListener(() =>
    {
        Application.Quit();
    });
}
```

（2）本游戏中，开始游戏按钮对应"举起右手"这一动作，退出游戏按钮对应"双臂在胸前交叉"这一动作，具体实现如代码 7-3 所示。读者也可以自行使用其他人体姿势实现上述功能。在任务 7.1 中，动作识别的原理已有详细介绍，这里不再赘述。

【代码 7-3】 使用体感交互实现开始游戏和退出游戏。

```
void Update()
{
    if(SDK.transform_pose[9].y > SDK.transform_pose[3].y)
    {
        this.gameObject.SetActive(false);
        PlayContent.SetActive(true);
    }
    else if (SDK.transform_pose[9].y > SDK.transform_pose[7].y &&
```

```
        SDK.transform_pose[10].y > SDK.transform_pose[8].y &&
        SDK.transform_pose[9].x < SDK.transform_pose[10].x)
    {
        Application.Quit();
    }
}
```

（3）在 Hierarchy 面板中选择 HomePage 对象，在 Inspector 面板中单击 Add Component 按钮，在搜索框中搜索 HomePage，选择 HomePage 脚本。

（4）将 Hierarchy 面板中的 PlayContent 对象拖曳到 HomePage → Play Content 参数框中，如图 7-33 所示。

（5）单击 Unity 编辑器上方的 Play 按钮，程序启动后，玩家可以使用两种方式开始游戏：一是单击"开始演练"按钮；二是举起右手。

图 7-33　HomePage 脚本组件

（6）完成后，Game 窗口将隐藏首页（见图 7-34（a）），显示游戏 3D 场景（见图 7-34（b））。

(a) 游戏开始页面　　　　　　　　　　　　　(b) 游戏 3D 场景

图 7-34　游戏首页与游戏 3D 场景

步骤 5　创建跑道。

（1）在 Project 面板中，将 Assets/SportsManResource/Prefabs/Track_Start 预制体拖曳到 Hierarchy 面板 PlayContent 对象中，以此将跑道起点添加到场景中，并单击 PlayContent 对象，在 Inspector 面板中，设置 Transform → Position 为 $X=0, Y=0, Z=0$。完成后，Scene 窗口中的显示效果如图 7-35 所示。

（2）在 Project 面板中，将 Assets/SportsManResource/Prefabs/Track_1 预制体拖曳到 Hierarchy 面板 PlayContent 对象中，以此将一个单位跑道添加到场景中，并单击 PlayContent 对象，在 Inspector 面板中，设置 Transform → Position 为 $X=0, Y=0, Z=0$。完成后，Scene 窗口中的显示效果如图 7-36 所示。

（3）重复上述步骤，从 Assets/SportsManResource/Prefabs/ 文件夹下拖曳多个单位跑道到 PlayContent 对象下。一个单位跑道的长度为 40，依次单击剩余的单位跑道对象，在 Inspector 面板中设置 Transform → Position → Z 为 40，80，120，…。

（4）在 Project 面板中，将 Assets/SportsManResource/Prefabs/Track_End 预制体拖曳到 Hierarchy 面板 PlayContent 对象中，以此将一个跑道终点添加到场景中，并在 Inspector 面

图 7-35　向场景中添加跑道起点

图 7-36　向场景中添加一个单位跑道

板中设置 Transform → Position → Z 的值，使得跑道终点能和最后一个单位跑道进行无缝拼接。例如，图 7-37 显示了一个拼接好的跑道，其中共使用了 6 个单位跑道，跑道终点的 Transform → Position → Z=6×40=240。

　　步骤 6　添加道具。

　　（1）在 Project 面板中，将 Assets/SportsManResource/Props/Flowers_Bright 预制体拖曳到 Hierarchy 面板 PlayContent 对象中，以此将一个鲜花道具添加到场景中，通过拖动 Flowers_Bright 的本地坐标轴，或者在 Inspector 面板中设置 Transfrom → Position，将鲜花放置到合适位置。注意，道具要放到路上，不要放到路之外的地形中。一个鲜花道具摆放后在 Scene 窗口的显示效果如图 7-38 所示。

图 7-37　拼接后的完整跑道

图 7-38　向场景中添加鲜花道具

　　（2）在 Project 面板中，将 Assets/SportsManResource/Props/Trunk 预制体拖曳到 Hierarchy 面板 PlayContent 对象中，以此将一个横木道具添加到场景中，通过拖动 Trunk 的本地坐标轴，或者在 Inspector 面板中设置 Transfrom → Position，将横木放置到合适位置。注意，道具要放到路上，不要放到路之外的地形中。一个横木道具摆放后在 Scene 窗口的显示效果如图 7-39 所示。

　　（3）重复上述步骤，读者可以在场景中添加更多鲜花道具与横木道具。

　　步骤 7　添加晴天天空盒。

　　（1）在 Hierarchy 面 板 中 选 中 Main

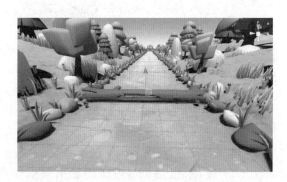

图 7-39　向场景中添加横木道具

Camera 对象，在 Inspector 面板最下方单击 AddComponent 按钮，在搜索框中输入 Skybox，选择 Skybox 组件。

（2）单击 Skybox 组件中的 Custom Skybox 右侧的对象选择按钮，在搜索框中输入 Sunny，选择晴天天空盒。

（3）添加晴天天空盒后，与 Unity 默认天空盒对比效果如图 7-40 所示。

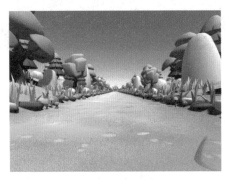 

(a) 默认天空盒游戏效果　　　　　　　　(b) 晴天天空盒游戏效果

图 7-40　向场景中添加晴天天空盒对比

步骤 8　添加小达人。

（1）在 Project 面板中，将任务 7.1 中的小达人预制体拖曳到 Hierarchy 面板中的 PlayContent 对象下。具体路径为 Assets/DemoResource/PersonModel/SportsMan.fbx。

（2）在 SportsMan 对象的 Inspector 面板中设置 Transform → Position 为 X=0, Y=0, Z=0。

（3）完成后，Game 窗口的显示效果如图 7-41 所示。

图 7-41　向场景中添加小达人

步骤 9　显示小达人前进里程。

显示前进里程需要用到 Unity UI 中的 Canvas 类，具体流程和步骤 3 中的基本一致，不再详细解释。下面简单说明核心流程。

（1）在 Hierarchy 面板中选择 PlayContent 对象，为其创建一个 UI → Canvas 子对象。

（2）选择 PlayContent → Canvas 对象，为其创建一个 UI → Image 对象，并将 Image 对象重命名为 Journey。

（3）选择 PlayContent → Canvas → Journey 对象，在 Inspetor 面板中，单击 Image → Source Image 的选择按钮，搜索 Journey，选择 Journey 图片。

（4）在 Scene 面板中单击 2D，切换到 2D 状态，在 Hierarchy 面板中双击 Canvas 对象，使 Scene 窗口中显示出 Canvas 画布的主体，并将 Journey 图片拖曳到画布上方的中心位置。

（5）选择 PlayContent → Canvas → Journey 对象，为其创建一个 Text 对象，在 Text 对象的 Inspector 面板中，设置 Text 为 100，Font 为 Arial，FontSize 为 100，Color 为纯白色。

（6）完成后，Scene 窗口的显示效果如图 7-42（a）所示，Game 窗口的显示效果如

图 7-42（b）所示。

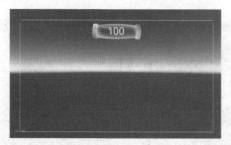

(a) 添加游戏里程后 Scene 窗口显示效果

(b) 添加游戏里程后 Game 窗口显示效果

图 7-42　显示小达人前进里程

注意： 由于在任务 7.1 中驱动小达人时已经显示摄像头画面和关键点，因此在本任务中，为了保证游戏体验感，游戏内容中不再显示摄像头画面与关键点。读者如果有兴趣，可以按照任务 7.1 中的步骤，将显示摄像头画面和关键点画布对象 Portrait 放置在 PlayContent 对象下，Portrait 预制体的存放路径为 Assets/DemoResource/Prefabs/Portrait。

步骤 10　实时显示小达人视野画面。

（1）在 Project 面板中，在 Assets/Scripts 文件夹下新建 CameraControl.cs 脚本文件。在 Unity 中通过调用插值函数 Vector3.Lerp(Vector3 a, Vector3 b, float t) 来实现摄像头跟随小达人移动，其中 a 是起点，b 是终点，t 是插值系数，函数返回值为 $a+t(b-a)$。Unity 每次调用 Update 函数时，更新摄像头的位置，使得摄像头位置在小达人身后 5.5 米处。具体实现如代码 7-4 所示，完整代码见 Assets/SportsManResource/Scripts/SportsMan_CameraControl.cs 文件。

【代码 7-4】　摄像头位置更新。

```
public class CameraContral: MonoBehaviour
{
    public GameObject SportsMan;

    //Update is called once per frame
    void Update()
    {
        this.gameObject.transform.localPosition = Vector3.Lerp(
            this.gameObject.transform.position,
            new Vector3(this.transform.localPosition.x,
                        this.transform.localPosition.y,
                        (SportsMan.transform.localPosition.z-5.5f)),
            0.5f);
    }
}
```

（2）在 Hierarchy 面板中选择 Main Camera 对象，在 Inspector 面板中单击 Add Component 按钮，在搜索框中搜索 CameraControl，选择 CameraControl 脚本。

（3）将 Hierarchy 面板中的 PlayContent → SportsMan 对象拖曳到 Main Camera → Sport Man 参数框中。

（4）单击 Unity 编辑器上方的 Play 按钮，程序启动后，在 Hierarchy 面板中选择 PlayContent → SportsMan，在 Scene 窗口中拖动小达人模型的 Z 轴（见图 7-43 中的蓝色轴），改变小达人的 Z 坐标，使得小达人在跑道方向移动。

（5）在正常情况下，Game 窗口的显示内容将会随着小达人位置的变化而变化。

图 7-43　在游戏中手动改变小达人位置坐标

步骤 11　道具碰撞检测。

游戏开始后，玩家即持续地和系统进行交互，这是游戏过程最实质的阶段。任务 7.1 中已经学习过"快乐小达人"游戏所需的交互控制方法，这里不再赘述。

在步骤 6 中，我们向场景中添加了鲜花和横木两种道具，鲜花作为奖励道具，小达人触碰到鲜花会加分；横木作为障碍道具，避障动作为跳跃。每个道具都有碰撞体，系统通过小达人和障碍物间的碰撞检测来判断是否成功避开障碍物。

有关碰撞检测方法的完整实现代码参见 Asserts/Scripts/RadioGraphicManager.cs 文件。下面仅就其中一些关键的内容进行介绍，如代码 7-5 所示。

（1）先定义射线发射器 ray = new Ray(transform.localPosition, transform.forward * 100)，其中 transform.localPosition 是游戏角色当前的位置，transform.forward * 100 表示向游戏角色正前方发射射线，射线最大长度为 100。

（2）定义射线碰撞信息接收器 Physics.Raycast(ray, out hitInfo, 3)，其中 ray 是上述射线发射器，out hitInfo 保存 ray 的碰撞信息，包括碰撞点的位置、碰撞点与发射点的距离和碰撞到的对象等。数字 3 表示限制碰撞距离在 3m 以内，即游戏角色触碰到碰撞对象的合理范围。

图 7-44　预制体标签建立过程

（3）通过 hitInfo.colloder.tag 获取碰撞对象标签，不同的碰撞对象对应不同的游戏效果。比如，碰撞到鲜花，则游戏角色加分。

本任务中提供的道具预制体都已经打上了对应的标签。如果读者想添加自己创建的道具，则需要为道具添加标签。标签建立过程为：单击某个道具预制体，在 Unity Inspector 面板上单击 Tag → Add Tag...，输入标签字符串，即可对该预制体建立标签，如图 7-44 所示。

如果检测到小达人碰撞的物体标签为 Flower，则加上相应分数，同时取消该对象。

如果检测到小达人碰撞的物体标签为 Wooden_obstacles，判断当前玩家是否为跳跃状态。如果是跳跃状态，则播放跳跃动画，同时将小达人向前移动，移动的距离大于横木的宽度；如果不是跳跃状态，则将小达人向后移动一段距离，等待玩家下次交互。

【代码 7-5】　碰撞检测。

```
public class RadioGraphicManager : MonoBehaviour
{
    void Start()
    {
        Single = this;
    }
    //Update is called once per frame
    void Update()
    {
        ray = new Ray(transform.localPosition, transform.forward * 100);
        //定义一个RaycastHit变量用来保存被碰撞物体的信息
        //如果碰撞到了物体，hitInfo里面就包含该物体的相关信息
        if(Physics.Raycast(ray, out hitInfo, 3)){
            Debug.DrawLine(transform.localPosition, hitInfo.point, Color.red);
            //如果碰撞到了鲜花
            if(hitInfo.collider.tag == "Flower")
            {
                Score += 5;
                Destroy(collision.gameObject);
            }
            //如果碰撞到了横木
            if(hitInfo.collider.tag == "Wooden_obstacles")
            {
                distance = hitInfo.collider.gameObject.transform.position.z -
                        gameObject.transform.localPosition.z;
                if(distance <= 3)
                {
                    //如果玩家没有跳跃
                    if(PlayerManager.Single.Jump == false)
                    {
                        gameObject.transform.localPosition.z -= 6;
                    }
                    //如果玩家有跳跃
                    else
                    {
                        gameObject.transform.localPosition.z += 6;
                    }
                }
            }
        }
    }
}
```

步骤 12　创建游戏结束页面。

类似游戏开始页面的创建（见步骤 3），创建结束页面的过程如下。

（1）在 Hierarchy 面板中创建 Evaluate 对象。

（2）添加背景图对象 Image_BackGround，背景图素材名称同开始页面背景，名称为 BackGround。

（3）添加结束面板对象 Image_StarBoard，图片素材名称为 StarBoard。

（4）添加返回首页按钮 Button_BackHomePage，图片素材名称为 BackHomePage。

（5）完成后，Hierarchy 面板中 Evaluate 对象的目录树如图 7-45（a）所示，Game 窗口显示效果如图 7-45（b）所示。

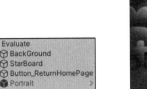

(a) 结束页面对象目录树

(b) 结束页面效果

图 7-45　结算页面对象目录树及效果

步骤 13　游戏结束及结算。

步骤 12 中已经设计过游戏的结算页面。下面简单介绍游戏结束的判断条件与开启结算页面的方法。

在步骤 5 中创建游戏跑道时，使用了素材包中的 Track_End 预制体作为跑道的终点。Track_End 的标签为 End，可以通过玩家碰撞物体的标签是否为 End，判断小达人是否到达终点，也可以通过小达人前进的里程数判断小达人是否到达终点。

小达人到达终点后，和步骤 4 开始游戏的方法类似，通过隐藏游戏内容（对于 Hierarchy 面板中的 PlayContent 对象），显示结束页面（对于 Hierarchy 面板中的 Evaluate 对象），读者可以参考代码 7-2 自行实现。

弹出结算页面后，显示玩家获得的分数，计算需要展示的星星数。读者可自行尝试实现这部分代码。有关积分规则，见游戏设计部分。

步骤 14　项目打包设置以及流程。

（1）单击左上角 File → BuildSettings，选择 SportsMans 场景。

（2）单击 Project Settings → Player，填写开发者信息：①配置 Company Name 属性，禁止使用中文和特殊符号；②在 Other Settings 中设置 Api Compatibility Level* 为 .NET 4.x 模式。

（3）回到 File → BuildSettings 界面，单击 Build 按钮；选择用于存放打包文件的文件夹路径，这里设为 D:\SportsMan\exe。注意，文件夹路径不能带有中文字符，否则体感交互 SDK 可能无法启动。打包文件命名为 SportsMan，单击"保存"按钮。

（4）打包结束，将生成两个文件夹 SpecialLroops_Data 和 MonoBleedingEdge，两个应用程序 SportsMan.exe 和 UnityCrashHandler64.exe，一个应用程序扩展 UnityPlayer.dll。单击应用程序 SportsMan 即可开始游戏。

◆ 能 力 自 测 ◆

1. 尝试增加新的奖励道具，建立不同奖励道具的获得方法和得分规则。

_____

_____

2. 尝试增加新的障碍道具，建立不同障碍道具的躲避方法和扣分规则。

_____

_____

3. 增加玩家管理功能，包括注册、登录、成绩管理等功能。

_____

_____

4. 尝试改变本项目中的跑道长度，并思考跑道上的道具分布该如何适应长度的变化？

_____

_____

5. 尝试丰富游戏场景，比如增加山地、丛林、水洼等。

_____

_____

6. 尝试为游戏系统添加音效。

_____

_____

7. 自行查阅资料，了解动作检测与识别的原理和方法。

_____

_____

8. 了解体感交互的动作捕捉设备的功能、优势和适用场景。

_____

_____

9. 自行查阅资料，了解体感交互技术的应用。

_____

_____

10. 几个人形成一个小组，共同设计一个体感交互应用游戏。

_____

_____

◆ 学 习 评 价 ◆

组员姓名		项目小组名称				
评价栏目	任务详情	评价要素	分值	评价主体		
				学生自评	小组互评	教师点评
掌握体感交互SDK 的配置方法（16分）	SDK 的获取方法	是否完全掌握	2			
	SDK 的主要功能	是否完全掌握	5			
	动作交互的使用	是否完全掌握	9			
对游戏的理解（16分）	游戏场景	是否完全理解	3			
	游戏资源	是否完全理解	3			
	游戏规则	是否完全理解	4			
	界面构成	是否完全理解	6			
操作熟练度（58分）	配置 SDK、准备资源	任务完成度和效率	6			
	规划开发流程	任务完成度和效率	8			
	创建 Unity 工程	任务完成度和效率	6			
	创建游戏场景	任务完成度和效率	8			
	UI 组件使用	任务完成度和效率	8			
	实现动作交互	任务完成度和效率	10			
	实现碰撞检测	任务完成度和效率	8			
	游戏系统封装	任务完成度和效率	4			
职业素养（10分）	态度	是否提前准备，报告是否完整	2			
	独立操作能力	是否能够独立完成，是否善于利用网络资源	4			
	拓展能力	是否能够举一反三	4			
合计			100			

项目8

增强现实项目管理

 项目导读

　　党的二十大报告提出，"加快实现高水平科技自立自强"，"建成教育强国、科技强国"。增强现实（AR）技术作为一种新兴的科学技术，能够为中国经济社会发展、科技进步做出贡献，值得我们重点关注和学习。本项目通过剖析前文中的几个典型 AR 应用案例，一方面介绍 AR 项目管理的角色分工、各角色的工作内容与团队协作方式，阐述 AR 项目中的设计流程；一方面分析 AR 项目实践中可能遇到的各种伦理问题，目的是让学生形成以人为本的设计理念，提高学生在 AR 项目中的实践能力、创新能力、沟通与协作能力、项目管理能力和跨学科综合素养。

 学习目标

- 了解 AR 项目管理中的软件工程分析相关知识。
- 了解人因工程的定义，掌握使用人因工程相关理论进行 AR 系统设计的方法。
- 了解 AR 项目的角色分工、工作内容与团队协作方式、AR 项目开发和实践流程。掌握 AR 项目管理的知识、设计流程，并能将它们运用到实际设计项目中。
- 了解 AR 技术会带来的工程伦理问题，掌握行为对错的理性评价标准。

 职业素养目标

- 创新思维能力：培养学生的创造性思维和解决问题的能力，能将本项目介绍的人因工程方法与人机交互方式运用到实际项目设计中。
- 自主学习能力：培养学生自主学习的能力，主动了解角色分工、设计流程与工程伦理准则，不断提升自身技能和知识水平。
- 团队协作能力：培养学生与不同专业背景人群合作的能力，协同项目成员完成各项任务和目标。

 职业能力要求

AR 项目应用能力：能够将人因工程学、人机交互等知识运用在一个完整的 AR 项目中，与团队各角色成员协同完成 AR 项目制作。

项目重难点

项目内容	工作任务	建议学时	技能点	重难点	重要程度
增强现实项目管理	任务 8.1　AR 项目管理中的软件工程分析	2	AR 项目中的软件工程知识	软件工程流程	★★★★☆
	任务 8.2　AR 项目管理中的人因工程分析	1	人因工程及其分析	人因工程概述	★★★★☆
				可用性原则	★★★★★
	任务 8.3　AR 项目管理中的角色与协作	2	角色分工介绍	角色工作内容	★★★★☆
			设计流程与团队协作	AR 项目设计流程	★★★★☆
	任务 8.4　AR 项目管理中的工程伦理	1	AR 项目的工程伦理问题	可能会带来的社会影响问题	★★★★☆

任务 8.1　AR 项目管理中的软件工程分析

■ **任务目标**

知识目标：了解软件工程的定义。

能力目标：使用软件工程相关理论进行 AR 项目设计。

■ **建议学时**

2 学时。

■ **任务要求**

透彻理解本任务的软件工程知识，熟悉软件工程的操作流程。

知识归纳

软件工程是将系统、规范和可量化的方法应用于软件的开发、操作和维护的过程。对软件工程知识的学习有助于保证生产的时效性，防止延期；有助于保证产品质量，防止系统崩溃；有助于保证软件的完整性，以满足用户的需求。

在 AR 项目中，软件工程是指在驱动应用程序落地时使用软件工程的方法来分析、设计、开发、测试和部署该应用程序的过程，如表 8-1 所示。其包括使用软件开发工具、技术和方法，以及跟踪和管理项目进度、风险和成本等方面的工作。软件工程方法可以帮助开发团队有效地管理项目开发上的复杂工作内容，并确保 AR 应用程序按时、按预算和按要求交付。

表 8-1 软件工程流程与方法

主 要 流 程	注 意 事 项
用户需求分析	1. 与用户近距离对话，才能理解用户需求； 2. 洞察需求，重点关注"是什么"； 3. 最终结果：产品需求文档 BRD； 4. 经用户以及产品经理检验及审查
设计流程	1. 重点关注"怎么做"； 2. 将问题和难点解构成更小的单元分析组成部分； 3. 最终结果：功能需求文档 FRD； 4. 经用户及开发工程师的检验及审查
程序执行	1. 经设计后编写相应代码； 2. 最终结果：可执行（或不可执行）的 APP 程序； 3. 经产品经理、开发工程师、测试工程师的检验及审查
程序测试	1. 检验代码是否符合功能规范； 2. 检验程序的细节情况； 3. 最终结果：测试计划，一个大家所期望的可运行的程序； 4. 经产品经理、开发工程师、测试工程师的检验及审查
软件发布	1. 对用户开放当前确认的软件版本； 2. 检验用户的期望值； 3. 为下个版本维修和升级收集反馈； 4. 最终结果：意向用户的转化和营收

任务实施

在课堂上以小组形式组建自己的设计团队，分析项目 5（AR 跑酷游戏）的设计过程，并填写产品需求文档（Business Requirements Document，BRD）和功能需求文档（Functional Requirement Document，FRD），分别见表 8-2 和表 8-3，最终提出改进意见并进行一次简短的项目汇报。

步骤 1 分析用户对于新项目的需求。

下面就项目 5 对用户需求进行分析，并依据表 8-2 编写 AR 项目的需求部分。

首先，采取市场调查和用户反馈的方式，确定目标用户对 AR 跑酷游戏的需求和期望，以便做出让用户满意的 AR 跑酷游戏。可以使用问卷调查、用户访谈和竞品分析等用户研究工具获得用户的需求，围绕项目 5 得出以下 4 个需求。

（1）提供丰富的游戏场景。用户希望使用 AR 技术将虚拟元素叠加到现实环境中，营造出一个丰富、有趣的游戏环境。隧道、城市街道和沙漠等虚拟游戏场景备受用户青睐。

（2）提供多种角色。用户希望游戏中有多样化的角色可供选择，并且每个角色具有不同的属性和特点，这样可以帮助玩家在游戏中更好地表现。

（3）提供简单易懂的操作方式。用户希望可以用手势、声音或其他方式来控制角色奔

跑、跳跃、闪避障碍物等动作。操作方式既要易于上手，同时也要保证有一定的挑战性。

（4）提供多种障碍物和道具。障碍物包括道路障碍、跳跃障碍等，道具包括加速道具、时间道具和护盾道具等。这些障碍物和道具具有一定的随机性和变化性，以增加游戏的趣味性。

步骤 2　将用户需求转化为设计方案，并形成最优开发方案。

针对项目 5，将用户需求转化为多个设计方案，并将讨论的最优方案作为开发方案。设计方案包括设计低保真原型和高保真原型。设计好高保真原型后，填写表 8-2 的 AR 项目描述部分。

表 8-2　AR 项目产品需求文档关键模块

一 级 模 块	作　　　用	二 级 模 块
AR 项目背景与需求分析	方便相关方，如设计师、开发程序员理解需求内容	一句话描述需求
		需求目标
		用户诉求
		业务诉求
		投资回报率评估
		名词解释
		竞品分析
AR 项目需求详述	该模块是需求文档最重要的部分，是 AR 项目需求的说明书	产品整体流程图
		产品需求描述
		产品版本规划
		模块概述
		流程图
		AR 界面
		出现条件 / 上一级页面
		功能名称
		功能位置
		按钮文案
		按钮交互
		特殊说明
AR 项目埋点方案	涉及埋点需求的文档	说明关注的行为和数据
AR 项目文档记录	文档推进过程中的所有记录	变更记录
		变更时间
		变更人
		变更内容
		相关方

低保真原型的设计要点是要简单、直观、易于理解，可以使用基本的图标、颜色和文字表示各种元素和功能，必要时可以加文字辅助说明，以便在最短时间内呈现游戏的核心内容。

低保真原型需要提供基本的角色和道具设计，包括角色的外观、动作、属性等，以及各种道具的外观和作用，还包括功能按钮、消息提示框等功能；在游戏人物展示界面，玩家可以采用手势操作的方法实现对该游戏人物的旋转、缩放操作。在使用低保真界面理顺整个程序的交互逻辑后，便可以开始对高保真界面进行设计。

在高保真原型中，界面的设计需要更加精美，采用高质量的图片、图标和动画来表现各种游戏元素。对于项目 5，游戏场景是 AR 酷跑游戏的核心，需要使用高质量的 3D 模型和贴图来完成游戏场景设计，以确保游戏场景的逼真度和真实感。AR 酷跑游戏高保真原型如图 8-1 所示，其设计要点是要尽可能真实地呈现游戏的各种元素和交互效果，提供高质量的界面、场景、角色、音效和道具设计，使用户获得最佳的游戏体验。

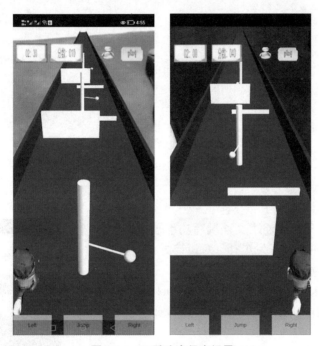

图 8-1　AR 酷跑高保真场景

明晰的功能需求文档能有效提高开发者开发和沟通效率。功能需求文档中的产品概述、项目背景与需求分析和竞品功能调研三个模块可以依据步骤 1 所获得的信息来填写。功能详细介绍可以依据步骤 2 中的设计方案来填写。需求目的与功能列表、流程与所处的产品模块关系是功能需求文档的核心部分，请依据表 8-3 中的二级模块来填写。

AR 项目埋点可以获得用户在使用产品时的特定数据，为后续产品的迭代提供数据支持。AR 项目文档记录需要及时更新，以防团队成员混淆。

表 8-3　功能需求文档关键模块

一 级 模 块	作　　用	二 级 模 块
AR 项目文档记录	文档推进过程中的所有记录	变更记录
		变更时间
		变更内容
		变更人
		变更版本

续表

一 级 模 块	作 用	二 级 模 块
产品概述	方便相关方（如开发程序员）理解需求内容	产品介绍
		产品定位
		产品特点
项目背景与需求分析	提炼出用户的原始需求，并对需求进行优先级排序	背景
		目的
		用户场景需求分析
		优先级排序
竞品功能调研	分析出最适合本 AR 项目的功能	竞品业务流程图调研
		竞品功能对比
		调研总结
需求目的与功能列表	明确需求	需求目的
		功能列表
流程与所处的产品模块关系	明确各个功能模块的关系	核心业务逻辑图
		核心业务流程图
功能详细介绍	明确功能界面的关系	页面流程图
		原型图

步骤 3　选择合适的 AR 技术平台和开发工具。

依据设计方案和产品需求文档撰写功能需求文档，选择适合的 AR 技术平台和开发工具，对设计方案进行开发。

步骤 4　对开发好的软件进行测试。

将 Android APK（Android Application Package，应用程序包）安装到手机中，如图 8-2 所示并进行如下几方面的测试。

（1）功能测试。对 AR 酷跑应用程序的各种功能进行测试，例如，测试游戏角色的移动、跳跃、攻击等动作和道具的使用情况等。这些测试覆盖应用程序的所有功能，确保用户可以正常运行游戏。

（2）兼容性测试。测试应用程序在不同的设备和操作系统上的兼容性。例如，在不同的手机上测试应用程序的运行情况。

（3）性能测试。测试应用程序在不同负载下的性能。尤其是在高并发情况下，关注应用程序是否能够正常工作，并关注快速移动时是否流畅。

（4）用户验收测试。确保应用程序满足用户需求并符合预期。可以邀请一些用户使用应用程序，并收集他们的反馈和建议。

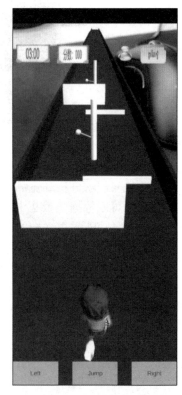

图 8-2　AR 酷跑测试图

步骤 5 集成和部署。

项目一旦测试完成，就可以着手准备 AR 游戏的集成和部署。主要需要完成以下五个步骤。

（1）打包项目。使用开发工具（如 Unity）将游戏项目打包成可执行文件或安装包，包含游戏代码、素材资源和 AR 识别库等。

（2）准备 AR 识别图像。AR 酷跑游戏需要使用 AR 技术进行交互，因此需要准备 AR 识别图像，可以使用自定义图像或已有的 AR 识别库。

（3）部署 AR 识别库。将 AR 识别库集成到游戏中，确保游戏能够正确地识别 AR 图像并进行相应的交互。

（4）测试游戏。在不同设备上测试游戏的兼容性和稳定性，确保游戏能够在各种设备上正常运行。

（5）上架应用商店。将游戏上传到应用商店（如 App Store、Google Play 等），经过审核后发布给用户下载。

需要注意的是，在 AR 酷跑游戏的集成和部署过程中，需要遵循相应的平台规则和要求，确保游戏的合法性和安全性。同时，还需要在游戏发布后持续跟进和维护，修复 Bug 和改进用户体验，提高游戏的品质和用户满意度。

步骤 6 项目管理。

AR 酷跑游戏上线后，需要进行项目管理以保持游戏的稳定性和用户体验，并不断优化和改进游戏。以下是一些常用的项目管理所需要完成的工作。

（1）Bug 管理。收集和记录游戏中出现的 Bug 和问题，并设置分类和优先级别，及时分配给开发团队进行修复。

（2）版本管理。维护游戏的不同版本，记录版本更新的内容和变更，并及时发布到应用商店，方便用户下载和升级。

（3）用户反馈管理。收集和记录用户对游戏的反馈和意见，及时回复用户，解决用户遇到的问题和困难，并分析用户反馈的数据，以改进和优化游戏。

（4）数据分析管理。分析游戏的用户数据和行为数据，了解用户的行为模式和兴趣爱好，提供更好的游戏体验和内容。

（5）产品规划管理。制订游戏的发展规划和更新计划，包括新增功能、优化现有功能和改进用户体验等，以满足不同用户需求和市场需求。

任务 8.2 AR 项目管理中的人因工程分析

■ 任务目标

知识目标：了解人因工程的定义，了解如何利用人因工程学知识进行 AR 项目设计。

能力目标：使用人因工程相关理论进行 AR 系统设计。

■ 建议学时

1学时。

■ 任务要求

透彻理解本任务的人因工程及可用性工程，熟悉 AR 项目启发式评估主要过程。

知识归纳

1. 人因工程

人因工程是一门正在迅速发展的新兴交叉学科，涉及生理学、心理学、解剖学、工程学、管理学、系统科学、安全科学和环境科学等多种学科，应用领域十分广阔。朱祖祥教授主编的《人类工效学》这样定义人因工程："它是一门以心理学、生理学、解剖学、人体测量学等学科为基础，研究如何使人－机－环境系统的设计符合人的身体结构和生理心理特点，以实现人、机、环境之间的最佳匹配，使处于不同条件下的人能有效、安全、健康和舒适地进行工作与生活的科学。因此，人因工程主要研究人的工作优化问题。"

2. 可用性工程

可用性工程（Usability Engineering）是一种先进的产品开发方法论，以提高产品的可用性为目标，主张任何由人来使用的产品或服务都应满足高可用性，无论系统的内部实现如何复杂，产品最终展现给用户的都应该是一个易用且高效的使用界面。

3. 启发式评估

启发式评估是由尼尔森开发的非正式可用性检查技术，它对评估早期的设计很有用处。同时，它也能够用于评估原型、故事板和可运行的交互式系统，是一种灵活且又相当廉价的方法。应用启发式评估的具体方法是：专家使用一组称为"尼尔森十大可用性原则"的可用性规则作为指导，评定用户界面元素（如对话框、菜单、导航结构、在线帮助等）是否符合这些原则。

4. 尼尔森十大可用性原则

哥本哈根的人机交互学专家尼尔森（Jakob Nielsen）博士提出有关交互设计应遵循的规则。这些规则经常在系统设计完成后用于发现系统设计中的可用性问题。

（1）状态可见性原则。系统始终在合理的时间提供适当的反馈信息，让用户知道系统正在做什么。例如，如果某一个操作需要花费一定的时间，那么系统应该给出花费多少时间能完成多少任务的指示。

（2）环境贴切原则。系统使用用户熟悉的语言，包括词、短语和概念，而不是使用面向系统的术语。系统应遵循现实世界中的惯例，使信息以一种自然且合乎逻辑的方式展现在用户面前。

（3）撤消重做原则。当用户执行错误操作后，系统提供一个有明显标志的"紧急退出"操作，以帮助用户离开异常状态。同时，系统还应支持"撤销"和"重做"操作。

（4）一致性原则。系统设计应遵循特定平台的惯例和标准，避免不同词汇（或情境、动作）具有相同含义，导致出现用户无法确定的具体含义的情形。

（5）防错原则。一个能够事先预防问题发生的细致设计要比错误提示信息好很多，因此应尽可能使设计能够预防错误的发生。

（6）易取原则：识别此记忆好。使界面的对象、动作和选项都清晰可见，这样用户从对话的一部分到另一部分时，不需要记忆任何信息。系统使用说明在任何时候都应该是可见的、容易获取的。

（7）灵活高效原则。允许用户定制经常使用的操作，快捷键可以帮助用户加速交互过程，但仅为熟练用户设计，对新手用户不可见。如此一来，系统就能同时迎合新手用户和熟练用户。

（8）易扫原则。审美和简约的设计。在对话中避免使用无关或极少使用的信息，这是因为任何一个额外信息都会与对话中的相关信息进行竞争，导致重要信息的可见性降低。

（9）容错原则。帮助用户识别、诊断，并从错误中恢复。应该使用简明的语言而非代码来表示错误信息，准确指出问题所在，并提出建设性的解决方案。

（10）人性化帮助原则。尽可能让用户可以在不使用文档的情况下使用系统，但提供帮助和说明仍然是必要的。这些信息应该易于检索，紧紧围绕用户的任务，列出要执行的具体步骤，并且篇幅不要太长。

任务实施

步骤 1　制定机械部件装拆导引的头戴式显示器应用项目启发性评估流程。

在课堂上，以 3~5 人组建一个 AR 设计项目专家团队，就项目 5 和项目 6 进行启发性评估，主要过程见表 8-4。该表提供了普遍项目的启发性评估流程。针对 AR 项目的特点，对表 8-4 的内容进行相应调整。

表 8-4　AR 项目启发式评估主要过程

阶　段	步　骤	是否完成
准备 （项目指导）	确定可用性准则（尼尔森十大可用性原则）	
	确定由 3~5 个可用性专家组成的评估组	
	计划每个可用性专家评估的时间和地点	
	准备或收集材料，让评估者熟悉系统的目标和用户。将用户分析、系统规格说明、用户任务和用例情景等材料分发给评估者	
	设定评估和记录的策略。基于个人或小组评估系统，指派一个共同的记录员或者每个组员自己记录	
评估 （评估者活动）	建立对系统概况的感知	
	温习提供的材料以熟悉系统设计。按评估者认为完成用户任务时所需的操作进行实际操作	
	发现并列出系统中违背可用性原则的地方。列出评估注意到的所有问题，包括可能重复之处。确保已清楚地描述发现了什么？在何处发现？	

阶 段	步 骤	是否完成
结果分析 （组内活动）	回顾每个评估者记录的每个问题。确保每个问题能让所有评估者理解	
	建立一个亲和图，把相似的问题分组	
	根据定义的准则评估并判定每个问题	
	基于对用户的影响，判断每组问题的严重程度，提出解决问题的建议，确保每个建议基于评估准则和设计原则	
报告汇总	汇总评估组会议的结果。每个问题有一个严重性等级、可用性观点的解释和修改建议	
	用一个容易问读和理解的报告格式，列出所有出处、目标、技术、过程和发现。评估者可根据评估原则来组织发现的问题。一定要记录系统或界面的正面特性	
	确保报告包括了向项目组指导反馈的机制，以了解开发团队是如何使用这些信息的	
	项目组的另一个成员审查报告，并由项目领导审定	

步骤 2　制定启发性评估准则。

评估可以使用尼尔森十大可用性原则，见表 8-5。小组成员需要选择项目 5 或项目 6 进行相应的可用性原则讨论。

表 8-5　机械部件装拆导引使用的尼尔森十大可用性原则

编 号	可用性原则	编 号	可用性原则
1	状态可见性原则	6	易取原则：识别比记忆好
2	环境贴切原则	7	灵活高效原则
3	撤消重做原则	8	易扫原则：审美和简约的设计
4	一致性原则	9	容错原则：帮助用户识别、诊断，并从错误中恢复
5	防错原则	10	人性化帮助原则

步骤 3　邀请专家评估。

为了更好地理解每个问题产生的影响，评估过程中需要同时考虑问题的严重程度和改进的难易程度。问题的严重等级与问题发生的频率、用户克服困难的难易程度以及问题的持久性相关，见表 8-6。小组成员依据启发式规则对项目 5 或项目 6 进行审查，根据发现的问题进行严重程度分级。

表 8-6　AR 项目问题修复的难易程度等级

等级	定义及其描述
0	AR 问题非常容易修复，在下一版本发布之前可以完成
1	AR 问题容易修复，涉及特定界面元素，有明确的解决方案
2	AR 问题修复有些困难，涉及界面的很多方面，需要项目组成员来完成或者解决方案尚不明确
3	AR 问题难以修复，涉及界面的很多方面，在下一版本发布之前解决有一定难度，尚未获得明确的解决方案或解决方案仍存在争议

步骤 4　结果分析。

小组成员将评估发现潜在的可用性问题汇总成表，见表 8-7。讨论出问题的严重等级、修复等级和违反的可用性原则，并尝试提出改进建议。

表 8-7　界面可用性问题及改进建议

编号	问 题 描 述	严重等级	修复等级	违反规则	改 进 建 议
1	菜单与按钮不一致	3	1	4	对词汇进行分析，特别是将按钮或工具提示上的术语和菜单中具有相同功能的术语进行比较
2	几乎不支持撤销操作	2	3	9	当对内容进行修改时、及时激活撤销操作
3	菜单内容未对齐，层次机构混乱	2	1	8	合理组织菜单结构和层次
4	文字过长	2	1	8	注释表述保持 5~9 个字，需要简短清晰的语言表达

步骤 5　报告汇总。

问题一：全景模式的图标与文字无法符合用户预期。

问题二：评估人员在使用该软件时，发现主菜单结构逻辑混乱，如选择模式与在观察模式下按顺序拆卸以下零件层级下的图标是横向排布，而高度调节是竖向排布，如图 8-3 所示。

 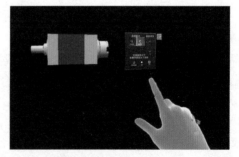

图 8-3　头盔式显示器应用的主菜单样式

从项目 5 或项目 6 中找出相关的可用性问题，并汇总成报告。

任务 8.3　AR 项目管理中的角色与协作

■ 任务目标

知识目标：了解 AR 项目的角色分工、工作内容与团队协作方式；了解 AR 项目开发和实践流程。

能力目标：掌握 AR 项目管理的知识，培养团队合作和协作能力，熟悉设计流程并能运用到实际设计项目中。

■ 建议学时

2 学时。

■ 任务要求

透彻理解本任务中的知识点，熟悉操作流程，在实践中培养解决问题和团队协作的能力。

知识归纳

1. 角色分工

党的二十大报告指出，"教育、科技、人才是全面建设社会主义现代化国家的基础性、战略性支撑。必须坚持科技是第一生产力、人才是第一资源、创新是第一动力"。AR 项目需要各种技能的人才合作完成，对于 AR 项目管理来说，角色分工显得尤为重要。

如图 8-4 所示，AR 项目管理中，需要明确不同角色的职责与任务，在 AR 项目中主要有四类角色：产品经理、AR 设计师、AR 开发程序员和测试程序员。

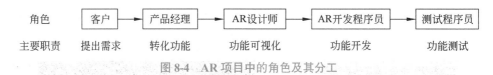

图 8-4 AR 项目中的角色及其分工

1）产品经理

产品经理需要负责制订 AR 项目的产品规划和开发计划，确保项目能够满足用户需求。提供项目开发的建议和意见，确保 AR 项目符合设计目标和预期的成果。

2）AR 设计师

AR 设计师需要负责制定设计方案，包括用户界面和交互原型等，确保用户可以获得最佳的交互体验。设计师需要保证项目的可用性、易用性和可访问性。具体而言，AR 设计师可以细分为交互设计师和视觉设计师。其中，交互设计师需要负责保证 AR 应用程序的用户体验，包括用户界面设计、交互流程制定和用户反馈收集等，确保用户能够顺畅地使用应用程序；而视觉设计师负责 AR 应用程序的视觉设计，包括视觉风格设计、UI 设计和图标设计等，确保 AR 应用程序具有良好的视觉效果。

3）AR 开发程序员

AR 开发程序员负责制定项目的技术架构和编写具体代码，确保 AR 应用程序能够与客户端设备（如智能手机或平板计算机）兼容并能够正确运行，保证应用程序的性能和稳定性。开发人员又可以细分为前端开发人员、后端开发人员、硬件开发人员和算法开发人员。

前端开发人员负责开发应用程序的前端代码，包括用户界面、交互功能等；后端开发人员负责开发应用程序的后端代码，包括数据存储、API（Application Programming

Interface, 应用程序编程接口）设计和服务器端开发等；硬件开发人员负责开发应用程序所需的硬件设备，例如 AR 眼镜、传感器等；算法开发人员负责开发应用程序中的算法，例如图像识别、跟踪和姿态估计等。

　　4）测试程序员

　　测试程序员主要负责测试项目的用户界面、交互性、性能和稳定性等，确保 AR 项目能够正常运行，并能够满足用户的需求和标准。测试程序员需要进行测试并提供错误报告和建议，以帮助开发人员改进和优化 AR 项目。

　　2. 设计流程与团队协作

　　AR 项目的设计流程，分为需求分析、概念设计、技术实现和测试验证四个阶段，如图 8-5 所示。

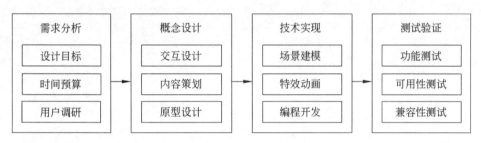

图 8-5　AR 项目设计流程

　　3. 需求分析阶段

　　需求分析阶段主要任务是明确用户的需求和目标。设计团队需要与用户进行调研，了解项目的背景和用户需求，明确项目设计目标，制订项目时间和预算规划。在需求分析阶段，设计团队需要做好文档和信息的记录与归档工作，以便后续的设计和开发。

　　4. 概念设计阶段

　　在概念设计阶段，设计团队根据项目的目标和用户需求，设计出符合用户习惯和用户体验的应用场景和交互模式，并利用手绘、模型制作和原型设计等方式，展现项目概念和实现方案。

　　5. 技术实现阶段

　　技术实现阶段是 AR 项目的核心阶段，设计团队需要实现应用的功能和特效，包括 3D 模型的制作、动画的设计和视觉识别技术的应用等。在此阶段，设计团队需要进行软件编程、模型调试和测试等工作，确保 AR 应用的开发质量和稳定性。

　　6. 测试验证阶段

　　在测试验证阶段，设计团队需要对 AR 应用进行全面的功能测试、用户体验测试和兼容性测试，以发现和解决应用程序的问题和缺陷，根据测试结果进行优化和调整。

任务实施

　　在课堂上以小组形式组建自己的设计团队，讨论设计主题和设计方案，填写项目分工计划表，见表 8-8，进行一次简短的项目汇报。

表 8-8　AR 项目分工及计划

团 队 成 员				
成员 1	成员 2	成员 3	成员 4	成员 5
角色分工				
成员姓名				
项 目 主 题				

设 计 方 案		
方案一：	方案二：	方案三：

方案评估（5 分制）		
创新性：☆☆☆☆☆ 实用性：☆☆☆☆☆ 可行性：☆☆☆☆☆	创新性：☆☆☆☆☆ 实用性：☆☆☆☆☆ 可行性：☆☆☆☆☆	创新性：☆☆☆☆☆ 实用性：☆☆☆☆☆ 可行性：☆☆☆☆☆

分 工 内 容
成员 1
成员 2
成员 3
成员 4
成员 5

步骤 1　在课堂上以 5 人小组为单位，组建一个 AR 设计项目团队。

小组成员进行自我介绍，根据自己的性格特点及爱好特长，确定项目角色分工。

步骤 2　确定团队项目设计主题，遴选方案。

小组成员进行讨论，列出三个 AR 设计方案并在组内针对创新性、实用性和可行性进行方案评估，选出最终设计方案。

步骤 3　明确分工，实施计划。

确定分工内容，填写项目分工计划表，按照时间规划完成项目设计，并进行课堂汇报。

任务 8.4　AR 项目管理中的工程伦理

■ 任务目标

知识目标：了解增强现实技术会带来的工程伦理问题，如知识产权、隐私保护、安全问题和社会影响等。

能力目标：提高对增强现实技术项目中可能会面对的伦理问题的敏感性，掌握行为对错的理性评价标准，并遵守章程规范。

■ 建议学时

1 学时。

■ 任务要求

透彻理解本任务中的知识点，提高对增强现实技术项目中可能会面对的伦理问题的敏感性，在工程实践中遵守道德准则和价值观念。

知识归纳

党的十八大以来，中国科技创新事业取得长足进步，随着技术的不断提高，增强现实（AR）技术正在逐渐成为许多领域中的一个重要组成部分。但是，随着 AR 技术的不断应用，相关的工程伦理问题也日益突出，如隐私保护、安全问题和社会影响等。因此，AR 的工程伦理问题不容忽视，需要开发者、设计师和管理人员等共同关注和解决。

1. 隐私保护

AR 技术的应用，往往会涉及用户的个人信息，容易产生对个人数据隐私的侵犯。AR 应用程序的正常运行需要传感器始终保持开启状态。为了提供预期的功能，AR 程序需要实时访问各种传感器数据，包括视频、音频、GPS 数据、温度和加速度计读数等。例如，自动检测并扫描 QR 码的应用程序需要持续访问视频流数据，而恶意应用程序可能向其后台服务器泄露用户实时位置或视频。如果不对相关数据和分析进程进行适当的规范，将泄露个人的隐私，并使个人意志受到不应有的干预。

2. 安全问题

1）AR 技术的信息安全

AR 技术可以采集用户的个人心理、生理和行为反应等数据，其中一些深层次的数据可能涉及对个人行为和意识的调控，有些数据的不良使用可能对社会和国家安全造成潜在威胁。因此，应将其中涉及个人自主行为能力控制的深层次精确数据纳入国家安全管理的范围，制定相应的数据安全法规，引入数据安全管控机制。

2）AR 设备的感官安全

AR 技术可以在现实世界中叠加虚拟信息和视觉效果，这可能会对用户的感官系统产

生负面影响，如晕眩、眼睛疲劳等。

眼睛疲劳和近视：在使用 AR 技术时，用户可能需要长时间集中注意力，这可能会导致眼睛疲劳和近视。因此，在 AR 项目设计中，需要考虑设定防疲劳系统提示，控制用户使用 AR 设备的时间。

运动晕眩：在使用 AR 技术时，用户可能会感到晕眩或恶心，这可能是由于 AR 场景的运动效果引起的。因此，在 AR 项目中，需要谨慎处理 AR 场景的动态效果，以避免引起用户的运动晕眩。

视觉干扰和幻觉：AR 技术中使用的虚拟信息和视觉效果可能会干扰用户的视觉系统，甚至导致幻觉。因此，在 AR 项目中，需要谨慎使用虚拟信息，确保视觉效果不会对用户造成不适和干扰。在一些游戏开始画面中，能看到游戏厂家提醒玩家，注意预防因游戏画面导致光敏感性癫痫症产生，如图 8-6 所示。

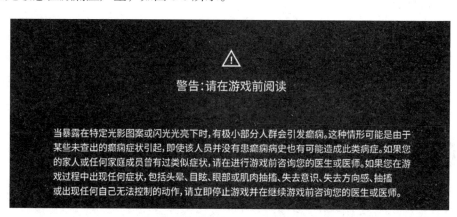

图 8-6　游戏警告（来自某款游戏）

同时，在 AR 项目管理中也要注意防止不法分子利用 AR 技术对用户进行攻击。如 AR 应用程序在屏幕上闪烁亮光、播放巨响的声音或者产生剧烈的触觉反馈，这些都可能对用户造成人身伤害。这种屏幕带来的人身伤害并非没有先例：1997 年 12 月 16 日，日本《精灵宝可梦》动画的一个片段中，一颗爆炸的导弹使整个画面在红蓝之间不断闪烁，在高频率红蓝光不断的刺激之下，有不少观众当即出现头晕眼花、暂时失明、抽搐昏迷的症状。根据后来日本消防部门统计，当晚有 658 名儿童因身体不适被送医治疗，该集也成为全球史上引发癫痫突发症状最多人数的电视节目。

3）AR 技术的认知安全

虚拟现实技术可以有效地影响和塑造人的主观想法和对事物的认知，具有较强的沉浸式控制能力，出于传销、虚假宣传等不良目的的"虚拟现实操控"技术具有极大的危害性，容易造成虚拟现实在感官控制和意识控制上的滥用。如果设计不当，提供沉浸式反馈的设备可能被恶意应用程序利用来欺骗用户，使其错误认识真实世界。

3. 社会影响

AR 技术的应用可能对社会产生影响。利用 AR 技术造建的虚拟世界可以即时改变环境，影响参与者的行为。对此，除了人的自主性和尊严等个体价值与权益，在社会管理和安全层面上，人们更关心的是，这种操控一旦用于商业、政治、宗教和暴力犯罪等方面会造成巨大的负面影响。例如，增强现实场景强烈的现场感和逼真的角色体验，可能使虚拟现实比网络和电子游戏更容易让人上瘾，特别是对于青少年而言，对虚拟影视、虚拟游戏的成瘾问题更加严重。

综上所述，在开展 AR 项目时，设计师、开发者和管理者等项目中的各个角色都需要具备社会道德感和社会责任感，以确保项目的设计和实施符合社会发展与价值观，避免带来不良的社会影响。

任务实施

选择一个熟悉的 AR 设计项目，分析其可能会遇到的工程伦理问题。下面将围绕项目 5 中的虚拟按钮设计和项目 7 中的 AR 项目——"快乐小达人"进行举例分析。

步骤 1　分析 AR 项目中可能会出现的隐私问题。

（1）收集用户个人信息的问题。AR 应用程序在使用过程中往往需要收集用户的姓名、年龄等基本信息，这些信息需要得到用户的明确同意。同时，这些信息应该加密存储并定期更新，以防止信息泄露。

（2）网络安全问题。AR 应用程序的使用需要连接互联网，这就可能存在黑客攻击和数据泄露的风险。开发者需要采取安全措施，如建立安全网络、加密数据传输等方式来保护数据的安全。

（3）用户行为跟踪问题。AR 应用程序需要记录用户的行为数据，以便进行用户分析和改进产品体验。开发者需要确保这些数据不会被用于商业用途，同时需要对用户数据进行加密和匿名化处理，保护用户隐私。

如图 8-7 所示，在项目 7 "快乐小达人"中，利用摄像头的动态捕捉、影像辨识等功能来获取玩家的动作，其涉及用户数据隐私，因此开发者应采取相应的技术手段和管理措施来确保用户隐私得到充分保护。同时，开发者需要定期审查和更新隐私政策和数据保护措施，以保证其符合最新的隐私法规和标准。

图 8-7　"快乐小达人"游戏界面

步骤 2　分析 AR 项目中可能会出现的安全问题。

AR 技术使用时需要注意的安全问题包括信息安全、感官安全和认知安全等方面。为确保 AR 技术的安全使用，应用程序开发人员需要采取必要的安全措施，并遵守适用的安全标准和规定。

如图 8-8 所示，在项目 5（AR 跑酷游戏）的虚拟按钮交互界面上，虚拟按钮支持空中手势和实体按钮互动的操作，利用清晰可见的界面加强用户沉浸式互动，能够有效地让用户快速理解和掌握使用方式。在认知安全方面，虚拟按钮采用了简单明了的 UI 设计、易于理解的按钮图像等，避免用户对应用程序内容产生混淆或误解，保证交互行为符合用户认知。

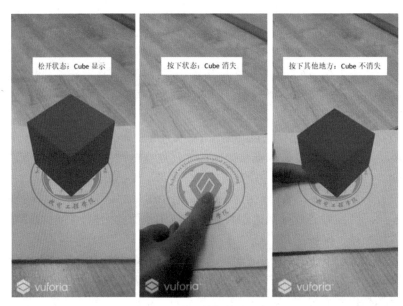

图 8-8　虚拟按钮效果展示

步骤 3　分析 AR 项目中可能会出现的社会影响问题。

针对社会影响问题，需要在 AR 产品设计过程中充分考虑社会和用户的需求和利益，保证产品的合理使用和普及，同时积极推动技术和教育的结合，促进教育公平和教育质量的提高。

图 8-9　玩家使用"快乐小达人"进行运动

如图 8-9 所示，在项目 7 中，"快乐小达人"体感交互技术将健身、运动和娱乐相结合，针对健身场地局限性、健身器材设备费用高和维护成本高等现象进行设计和规划，支持多人互动、同时体验和融入式体验等，落实了全民健身的主要目标，满足了当下社会和广大人民群众的需求。

步骤 4　填写项目工程伦理问题分析表，样例见表 8-9。

表 8-9　工程伦理分析表

项 目 名 称		
工程伦理问题		
隐私问题	个人信息	
	网络安全	
	数据采集	
安全问题	信息安全	
	感知安全	
	认知安全	
社会影响	正面影响	
	负面影响	

◆ 能 力 自 测 ◆

1. 软件工程需要解决哪些问题，如何解决？

_____

_____

2. 人因工程需要解决哪些问题，如何解决？

_____

_____

3. 如果你要参与一个 AR 设计项目，你在团队中适合担任什么角色？

_____

_____

4. AR 项目的设计流程有哪几个步骤？具体涉及哪些内容？

_____

_____

5. 在参与 AR 项目时，可能会遇到哪几种工程伦理问题？该如何应对？

_____

_____

◆ 学 习 评 价 ◆

组员姓名		项目小组名称				
评价栏目	任务详情	评价要素	分值	评价主体		
				学生自评	组内互评	教师点评
理解情况	什么是软件工程操作流程	是否完全理解	10			
	什么是人因工程	是否完全理解	10			
	尼尔森十大可用性原则分别有哪些	是否完全理解	10			
	AR 项目的设计流程	是否完全理解	10			
	AR 项目中有几类角色分工	是否完全理解	10			
	AR 项目中会遇到哪些方面的工程伦理问题	是否完全理解	10			
掌握熟练度	知识结构	知识体系形成	10			
	准确性	概念和基础掌握的准确度	10			
团队协作能力	积极参与讨论	积极参与和发言	5			
	对项目的贡献	对团队的贡献值	5			
职业素养	态度	是否认真细致，是否遵守课堂纪律，是否具有团队协作精神	5			
	设计理念	是否突显以人为本的设计理念	5			
合计			100			

参 考 文 献

[1] 方维 . 增强现实：技术原理与应用实践 [M]. 北京：北京邮电大学出版社 , 2022.

[2] 王珂 . 增强现实中虚实光照一致性研究综述 [J]. 光电技术应用 , 2013, 28(6)：6-12.

[3] 刘万奎，刘越 . 用于增强现实的光照估计研究综述 [J]. 计算机辅助设计与图形学学报 , 2016, 28(2)：197-207.

[4] 袁庆曙，王若楠，潘志庚，等 . 空间增强现实中的人机交互技术综述 [J]. 计算机辅助设计与图形学学报 , 2021，33(3)：321-332.

[5] 史晓刚，薛正辉，李会会，等 . 增强现实显示技术综述 [J]. 中国光学 , 2021, 14(5)：1146-1161.

[6] 张栌月，程明智，李豪，等 . 增强现实的 K12 教育应用综述 [J]. 北京印刷学院学报 , 2019, 27(2)：107-110.

[7] 娄岩 . 虚拟现实与增强现实技术概论 [M]. 北京：清华大学出版社 , 2016.

[8] 邓恩，帕贝利 . 3D 数学基础：图形与游戏开发 [M]. 穆丽君，张俊，译 . 2 版 . 北京：清华大学出版社 , 2020.

[9] JOHNSON J. 认知与设计：理解 UI 设计准则 [M]. 张一宁，王军锋，译 . 2 版 . 北京：人民邮电出版社 , 2014.

[10] 朱祖祥 . 人类工效学 [M]. 杭州：浙江教育出版社 , 1994.

[11] NIELSEN J. Usability engineering[M]. San Francisco: Morgan Kaufmann, Publishers Inc. 1994.

[12] 骆斌，冯桂焕 . 人机交互：软件工程视角 [M]. 北京：机械工业出版社 , 2012.

[13] 苏令银 . 增强现实技术的伦理挑战及其机遇 [J]. 长沙理工大学学报（社会科学版）, 2018,33(1)：22-30.

[14] 段伟文 . 虚拟现实技术的社会伦理问题与应对 [J]. 科技中国 , 2018(7)：9114.